数据安全与流通
技术、架构与实践

刘汪根 杨一帆 杨蔚 彭雷 ◇编著

Data Security and Trading

Technologies, Architectures and Practices

机械工业出版社
CHINA MACHINE PRESS

图书在版编目（CIP）数据

数据安全与流通：技术、架构与实践 / 刘汪根等编著 . —北京：机械工业出版社，2023.1（2024.1 重印）

ISBN 978-7-111-72632-6

Ⅰ. ①数⋯　Ⅱ. ①刘⋯　Ⅲ. ①数据处理 - 安全技术　Ⅳ. ① TP274

中国国家版本馆 CIP 数据核字（2023）第 026028 号

机械工业出版社（北京市百万庄大街 22 号　邮政编码 100037）
策划编辑：姚　蕾　　　　　　责任编辑：姚　蕾
责任校对：龚思文　李　婷　　责任印制：李　昂
北京捷迅佳彩印刷有限公司印刷
2024 年 1 月第 1 版第 2 次印刷
186mm×240mm · 13.25 印张 · 233 千字
标准书号：ISBN 978-7-111-72632-6
定价：69.00 元

电话服务　　　　　　　　　　网络服务

客服电话：010-88361066　　机　工　官　网：www.cmpbook.com
　　　　　010-88379833　　机　工　官　博：weibo.com/cmp1952
　　　　　010-68326294　　金　书　网：www.golden-book.com
封底无防伪标均为盗版　　机工教育服务网：www.cmpedu.com

　　2020 年 4 月,《中共中央 国务院关于构建更加完善的要素市场化配置体制机制的意见》(简称《意见》)发布,首次将数据纳入生产要素范围,与土地、劳动力、资本、技术等传统要素并驾齐驱。《意见》明确:加快培育数据要素市场,推进政府数据开放共享,提升社会数据资源价值。这是对数据要素价值的充分认可,对推动数据成为我国经济高质量发展新动能有重要引领作用。

　　进入 2021 年,我国与各项数据权属、价值、安全、流通相关的法律法规、配套措施和业务模式加速完善。《中华人民共和国数据安全法》《中华人民共和国个人信息保护法》《网络数据安全管理条例(征求意见稿)》《数据出境安全评估办法》《汽车数据安全管理若干规定(试行)》《金融数据安全 数据安全评估规范(征求意见稿)》等全国性法律法规和行业标准的出台,为数据行业的安全有序发展保驾护航。《深圳经济特区数据条例》《上海市数据条例》等地方性法规也结合地方特色对公共数据共享和安全进行了规范和引导。

　　作为数据要素的重要平台,数据交易所也进入新的发展时期。首发数据产品登记凭证的上海数据交易所,以及具有"数据可用不可见,用途可控可计量"新型数据交易系统的北京国际大数据交易所等,在新的形势下对数据流通交易模式进行了探索和再升级。广东省出台的公共数据资产凭证、浙江省出台的个人数据资产凭证和数据质押,也为数据资产评估和利用开拓了新模式,提高了社会对数据作为资产的关注度和认知度。

　　随着数据成为关键生产资料和要素,国内外数据安全相关的法律法规在快速完善,数据安全技术也在快速发展。因此,本书第 1 章对国内数据安全与数据流通相关的法律法规做了梳理,帮助读者从总体上了解当前国内的现状,之后概括性地介绍了数据安全与网络安全技术。第 2 章系统性地阐述了数据安全相关的技术,同时结合国内企业市场的实际情况，提出了一套可执行的数据安全合规体系和技术体系建设的方法论，并对数据安全的组织与制度建设提出了一些见解和建议，以期帮助数据安全治理人员更好地理解和规划数据安全相关工作。

在保障数据安全的前提下，要让数据有效流通，就需要有非常强大的技术作为支撑，隐私计算就是能有效解决该问题的技术。隐私计算是构建在密文状态下的数据计算模式，在保证数据提供方不泄露敏感数据的前提下，保证在各个环节中"数据可用不可见"。因此，第 3 章介绍了隐私计算技术的主要分支及其发展现状。

数据要素的流通是数据产生价值的基础，并且在过去十多年随着互联网业务的发展，其流通模式也发生了多次迭代，从最早的以数据包的形式交换数据，逐步演进到以安全合规与隐私计算为支撑的新型流通模式。因此，第 3 章还系统性地概括了当前国内外数据流通的现状，并对隐私计算技术做了概要性的梳理，以期帮助读者快速了解行业的新动态。

为了让更多的从业者和相关研究人员更好地了解数据安全的发展趋势和技术现状，指导从业者更好地开展数据安全的建设工作，第 4 章设置了行业实践部分。其中 4.1 节由银联智策技术总监裴华执笔，注入了其在多年的企业数据安全体系建设工作中积淀的经验和思考。4.2 节、4.3 节和 4.4 节是星环科技技术专家的实践总结。

第 5 章整理了一些行业的相关思考，包括数据要素市场的发展趋势、数字化基础设施和数据云、数据交易生态的发展以及具有鲁棒性的数据安全、流通技术。笔者期望能够通过技术、案例与思考相结合的方式，与读者更好地产生共鸣。

本书成书过程中得到了多位外部专家和内部团队的大力支持，特别感谢银联智策的裴华先生和复旦大学的陈平老师，分别撰写了 4.1 节和 5.4 节，将更好的理论研究和实践总结融入了本书。感谢复旦大学王晓阳教授、北京昌久律师事务所戴律师、广西北部湾数据交易中心黄总在成书过程中给予的专业指导。非常感谢我们星环的数据安全与隐私计算团队，能够将数据安全技术产品化并积累了大量实践经验，本书能够出版你们是最大的幕后英雄。

受限于本书作者的水平，书中难免有不足之处，还请广大读者提供宝贵的修改建议，可以将您的建议发送至邮箱 bigdataopenlab@transwarp.io。

刘汪根

星环信息科技（上海）股份有限公司联合创始人

2023 年 1 月

Contents 目　　录

第 1 章　*Chapter 1*

新的数据时代

近年来随着互联网、移动互联网、物联网、5G 等信息通信技术及产业的不断发展，全球数据量呈爆发式增长态势。数据作为和土地、劳动力、资本、技术一样的生产要素，在数字经济不断深入发展的过程中，地位愈发凸显。我国是数据资源大国，IDC 研究报告指出，截至 2020 年，中国的数据量约为 12.6ZB，较 2015 年增长 7 倍，年复合增长率为 124%。2025 年中国的数据量预计达到 48.6ZB，约占全球数据总量的 30%。

在如今的信息时代，数据已超越其原来的属性成为一种资源，一种可交易的商品，甚至已经成为一种生产要素。数据拥有使用和交换价值，并且能够产生可观的经济收益。数据经过处理及整合后，再经分析形成可执行的决策信息，最终由行动产生价值。数据资源化是数据价值化的首要阶段，通过收集、整理、聚合、分析等科学方法，形成可采、可见、标准、互通、可信的高质量数据资源。数据资产化是数据通过流通交易或机构内部使用给使用者或所有者带来经济利益的过程，要么帮助现有产品实现收益的增长，要么数据本身产生了明确的价值。数据资产化是数据价值化的核心阶段，也是数据要素市场发展的关键，其本质是数据通过交换形成自身的经济价值。

由于数据价值化的快速演进，各国对数据的重视程度逐步提升，纷纷将开发利用数据资源作为新一轮竞争制高点的重要抓手。2020 年，欧盟发布了《欧洲数据战略》《人工智能白皮书》和《塑造欧洲数字未来》，《欧洲数据战略》中指出包括商业数据和工业数据在内的非个人数据是驱动数字经济发展的重要要素，计划将欧盟打造成

"数据赋能"社会的榜样和领导者。2018 年 5 月，欧盟正式实施《通用数据保护条例》（GDPR），它被视为目前全球隐私保护领域最为权威和细致的立法，旨在通过约束企业信息处理行为，赋予公民对其个人数据更大的控制权。德国信息技术、电信和新媒体协会的数据显示，95% 的德国制造业企业将产业数字化视为改进自身业务的良机。2021 年 6 月，欧盟批准了德国总额高达 256 亿欧元的经济复苏计划，其中一半以上的援助资金将被用于数字化领域。德国联邦外贸与投资署驻华代表丹尼斯·维尔肯斯在 2021 年中国国际服务贸易交易会论坛上指出，"数字化正在世界范围内重塑各个产业。当前，75% 的德国企业制定了数字化战略，力争使德国在数字经济领域跻身领先地位"。

我国的数据要素市场同样发展迅速，当前丰富的数据要素资源已经涵盖政府、金融、运营商、房地产、医疗、能源、交通、物流、教育以及制造业、电商平台、社交网站等众多领域。加快数据法治建设是建立健全数据要素市场规则的必然选择，也是营造良好数字生态环境的必由之路。截至 2021 年，全国人大、工信部、最高法等国家机关推出《关于加强网络信息保护的决定》《电信和互联网用户个人信息保护规定》《中华人民共和国民法典》《中华人民共和国电子商务法》《中华人民共和国数据安全法》《中华人民共和国个人信息保护法》《互联网信息服务算法推荐管理规定》等法律法规，共同编织成一张数据"保护网"，如图 1-1 所示。我们进入了数据合规使用的时代。

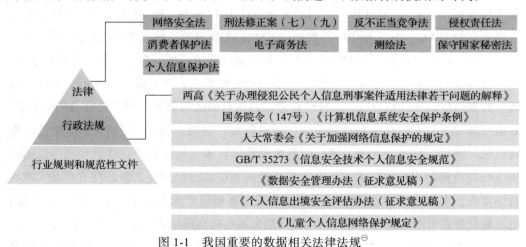

图 1-1　我国重要的数据相关法律法规[⊖]

⊖　该图中右上方引用的法律文件分别为《中华人民共和国网络安全法》《中华人民共和国刑法修正案（七）》《中华人民共和国刑法修正案（九）》《中华人民共和国反不正当竞争法》《中华人民共和国消费者权益保护法》《中华人民共和国电子商务法》《中华人民共和国测绘法》《中华人民共和国保守国家秘密法》和《中华人民共和国个人信息保护法》。

数据的流通和利用是数据要素价值创造的前提，而跨域、跨中心的数据融合计算需求，以及数据要素在开放流通环节中的安全需求（包括"可用不可见""可用不可得""可用不出域"等），都使得数据的安全可信流通成为数据要素的市场化配置的重要一环，也是各行业数字化转型过程中和过程后的必由之路。隐私计算是在处理、分析计算数据的过程中保持数据不透明、不泄露、无法被计算方以及其他非授权方获取的一种技术解决方案，能够在充分保护数据和隐私安全的前提下，实现数据价值的转化和释放。在国家加速数据要素市场建设和重视数据安全和隐私保护的大背景下，传统的网络安全技术，结合新的数据安全技术与隐私计算技术，共同构建了新一代的以数据为中心的网络安全技术，帮助行业进入了网络安全的新时代，应用普及和商业化在加速进行。

1.1　数据要素的时代

习近平总书记指出，要"构建以数据为关键要素的数字经济"。随着国务院相关指导意见的出台，各地陆续加快了数据交易市场的培育和探索。《"十四五"数字经济发展规划》指出，数据要素是数字经济深化发展的核心引擎；协同推进技术、模式、业态和制度创新，切实用好数据要素，将为经济社会数字化发展带来强劲动力；严厉打击数据黑市交易，营造安全有序的市场环境；到 2025 年，数字经济核心产业增加值占 GDP 比重达到 10%，数据要素市场体系初步建立，产业数字化转型迈上新台阶。

2022 年 1 月，国务院办公厅印发《要素市场化配置综合改革试点总体方案》（简称《方案》），《方案》提出了探索建立数据要素流通规则的改革试点任务。按照《方案》部署，到 2023 年，试点工作取得阶段性成效，力争在土地、劳动力、资本、技术等要素市场化配置关键环节上实现重要突破，在数据要素市场化配置基础制度建设探索上取得积极进展。到 2025 年，基本完成试点任务，要素市场化配置改革取得标志性成果，为完善全国要素市场制度作出重要示范。

1.1.1　数据要素的重要属性

数据要素是一个经济学术语，关于经济模型的相关讨论不在本书的范畴内，我们主要做技术上的解读，集中在数据权属、数据价值、数据安全和数据流通四个方向上，如图 1-2 所示。

图 1-2 数据要素的四个关键属性

数据权属是一个多元性的概念，"权"代表着产权、权益，"属"意味着归属。产权描述的是数据的相关权利是什么，一般是由多种权利构成的权利束，可以分割（根据数据类型或主体类型的不同而不同），并随着社会经济生活的演变不断扩张。按照公开类型可将数据分为公共数据和个人数据，按照加工情况可将数据分为原始数据和衍生数据，这两种划分分别侧重不同类型的权益保护。对公共数据，强调集体权益不受侵犯而共享收益最大化；对个人数据，一方面强调保护原始数据的个人信息，一方面强调保护由衍生数据带来的利益。

数据权益的归属者需要通过数据确权过程确定。数据确权能够平衡数据价值链中各参与者的权益，实现数据安全流通并驱动经济发展。因此，数据确权需要解决的不是单纯的所有权归属，而是附着于数据的权益归属，即数据背后的利益分配。确立数据产权框架比明确数据所有权更加有利于实现数据资产化，推动数据的交易流通。数据确权过程通过解读已成为共识的实操性法律条文和包容审慎的监管机制，清晰地界定数据主体、数据持有者、数据控制者、数据处理者、数据使用者、技术提供者等数据利益关联方的权利界域。

数据价值是指在数据的生命周期中，数据使用者通过分析手段将数据的属性或内容转换成具有业务目的的信息，进而实现的降本增效数量。数据价值在微观层面体现为数据使用者效用的提高，在宏观层面体现为数据要素生产率的提高。对于数据价值，目前尚缺乏客观计量标准，主要有三方面原因：一是相同数据对不同人的价值可能大相径庭；二是数据价值会随时间变化；三是数据具有外部性。在数据要素市场体系中，利益关联方对数据资产的价格的关注尤为重要，合理的定价机制对数据流通的健康有序发展有着重要作用。

数据的价格是由价值决定的，是价值的表现形式。按照传统的经济学理论，在完全竞争条件下，价格取决于使用价值和供求关系。但由于数据不是实物资产，因此数据的价格还受其自身特性的影响，一是数据可以多次交易且不会造成价值的减少，二是交易过程不一定是所有权的完全交割。数据经过处理、整合以及分析后形成可执行的决策信息，最终由行动产生价值。应用场景多样化以及时效性等原因使得数据提供方和需求方可能对数据采用不同的评估和定价方式，导致目前尚无完整的、可操作的、通用的数据价值评估或定价体系。对数据定价机制的实践或研究多聚焦在某个行业或领域，如银行、电力、在线营销等。

数据安全是指通过采取必要措施，确保数据处于有效保护和合法利用的状态，以及具备保障持续安全状态的能力。保障数据安全的目标是使数据能够"合法合规"地流转，在此基础上，使数据价值最大化，以此来支撑组织业务目标的实现。数据安全需要依靠企业的数据安全技术体系和数据安全治理体系协同落实。

数据流通是指数据作为流通对象，按照一定规则从提供方传递到需求方的过程。数据流通可以实现数据资产的价值，而且通过数据资源的多方融合，还能够实现数据价值的增值。在落地时，有点对点的数据流通方式、基于交易所的数据流通方式以及公开的数据流通方式，随着数据要素和价值在数字经济时代的重要性越来越高，基于交易所的数据流通方式将成为主要的流通方式。

1.1.2　数据安全方面的法律法规

我国在数据安全方面陆续推出了系列法律法规及标准规范，逐步建立了以《中华人民共和国网络安全法》（以下简称《网络安全法》）、《中华人民共和国数据安全法》（以下简称《数据安全法》）、《中华人民共和国个人信息保护法》（以下简称《个人信息保护法》）为统领，专项法律、行政法规、部门规章为支撑，标准规范文件为配套的制度体系，见表 1-1。

表 1-1　数据安全方面的法律法规

法律法规	层级	施行时间
《个人信息保护法》	全国	2021 年 11 月
《网络数据安全管理条例（征求意见稿）》	全国	2021 年 11 月
《数据出境安全评估办法》	全国	2022 年 7 月
《数据安全法》	全国	2021 年 9 月
《数据安全管理办法（征求意见稿）》	全国	2019 年 5 月
《信息安全技术　数据出境安全评估指南（草案）》	全国	2017 年 9 月
《网络安全法》	全国	2017 年 6 月
《电信和互联网用户个人信息保护规定》	全国	2013 年 7 月
《深圳经济特区数据条例》	地方	2022 年 1 月
《上海市数据条例》	地方	2022 年 1 月
《重庆市政务数据资源管理暂行办法》	地方	2019 年 7 月
《汽车数据安全管理若干规定（试行）》	行业：汽车	2021 年 10 月
《金融数据安全　数据安全评估规范（征求意见稿）》	行业：金融	2021 年 12 月
《金融数据安全数据安全分级指南》	行业：金融	2020 年 9 月
《国家健康医疗大数据标准、安全和服务管理办法（试行）》	行业：医疗	2018 年 7 月

自 2017 年 6 月起施行的《网络安全法》强调了对基础设施及个人信息的保护，提出最少够用的管理原则，增设数据泄露通知、个人删除权等规定，并对个人信息做出了境内存储及出境评估的规定。《网络安全法》是我国第一部关于网络安全的整体立法。该法是为了规范互联网全网体系而制定的法律，维护了网络数据的完整性、保密性、可用性，防止了网络数据的泄露等，对专门用于危害网络安全的工具、程序做出了规定。虽然大部分是原则性的规定，但是仍然为接下来的数据安全立法奠定了基础。

自 2021 年 9 月起施行的《数据安全法》是数据安全管理的基本法律，重点关注了数据安全保护和监管，为规范网络空间不同主体的行为提供了法律依据。自 2021 年 11 月起施行的《个人信息保护法》，其相关条款明确提及了"处理任何个人信息都必须得到用户同意""这种同意必须在个人充分知情的情况下，自愿且明确作出""收集个人信息，应当限于实现处理目的的最小范围，不得过度收集个人信息"等要求。同时《中华人民共和国刑法修正案（九）》《中华人民共和国民法总则》《中华人民共和国电子商务法》等专项法规从不同维度细化了数据安全管理要求，重点突出了个人信息保护、数据出境相关内容，补充完善了我国数据安全管理框架。

为落实《网络安全法》《数据安全法》《个人信息保护法》等法律关于数据安全管理的规定，规范网络数据处理活动，保护个人、组织在网络空间的合法权益，维护国家安全和公共利益，国家互联网信息办公室于 2021 年 11 月 14 日发布《网络数据安全管理条例（征求意见稿）》（以下简称《意见稿》），向社会公开征求意见。《意见稿》第四十六条规定，互联网平台运营者不得利用数据以及平台规则等从事以下活动：利用平台收集掌握的用户数据，无正当理由对交易条件相同的用户实施产品和服务差异化定价等损害用户合法利益的行为；利用平台收集掌握的经营者数据，在产品推广中实行最低价销售等损害公平竞争的行为；利用数据误导、欺诈、胁迫用户，损害用户对其数据被处理的决定权，违背用户意愿处理用户数据；在平台规则、算法、技术、流量分配等方面设置不合理的限制和障碍，限制平台上的中小企业公平获取平台产生的行业、市场数据等，阻碍市场创新。

地方层面，有代表性的是于 2022 年 1 月起施行的国内数据领域首部地方综合性立法《深圳经济特区数据条例》，其规定：数据处理者应当对其数据处理全流程进行记录，保障数据来源合法以及处理全流程清晰、可追溯；对敏感个人数据和国家规定的重要数据还应当采取加密存储、授权访问或者其他更加严格的安全保护措施；数据处理者应当对数据处理过程实施安全技术防护，并建立重要系统和核心数据的容灾备份制度；数据处理者向境外提供个人数据或者国家规定的重要数据，应当按照有关规定申请数据出境安全评估，进行国家安全审查。

《上海市数据条例》规定：本市实行数据安全责任制，数据处理者是数据安全责任主体；加强本地区数据安全风险信息的获取、分析、研判、预警工作；建立健全数据分类分级保护制度，推动本地区数据安全治理工作；重要数据处理者应当明确数据安全责任人和管理机构，按照规定定期对其数据处理活动开展风险评估，并依法向有关主管部门报送风险评估报告。

对于重要行业，如汽车领域，自 2021 年 10 月起施行的《汽车数据安全管理若干规定（试行）》规定，在中华人民共和国境内开展汽车数据处理活动及其安全监管；本规定所称汽车数据，包括汽车设计、生产、销售、使用、运维等过程中的涉及个人信息数据和重要数据；国家鼓励汽车数据依法合理有效利用，倡导汽车数据处理者在开展汽车数据处理活动中坚持：车内处理原则、默认不收集原则、精度范围适用原则、脱敏处理原则；重要数据应当依法在境内存储，因业务需要确需向境外提供的，应当通过国家网信部门会同国务院有关部门组织的安全评估。

金融领域，2021 年 12 月全国金融标准化技术委员会发布的《金融数据安全 数据安全评估规范（征求意见稿）》规定了金融数据安全评估触发条件、原则、参与方、内容、流程及方法，明确了数据安全管理、数据安全保护、数据安全运维三个主要评估域及其安全评估主要内容和方法。该标准适用于金融业机构开展金融数据安全评估使用，并为第三方安全评估机构等单位开展金融数据安全检查与评估工作提供参考。

医疗领域，2018 年 7 月卫健委发布《国家健康医疗大数据标准、安全和服务管理办法（试行）》，其规定：健康医疗大数据安全管理是指在数据收集、存储、挖掘、应用、运营、传输等多个环节中的安全和管理，包括国家战略安全、群众生命安全、个人信息安全的权责管理工作；责任单位应当采取数据分类、重要数据备份、加密认证等措施保障健康医疗大数据安全；责任单位应当按照国家网络安全等级保护制度要求，构建可信的网络安全环境，加强健康医疗大数据相关系统安全保障体系建设；责任单位应当依法依规使用健康医疗大数据有关信息，提供安全的信息查询和复制渠道，确保公民隐私保护和数据安全；责任单位应当建立严格的电子实名认证和数据访问控制，规范数据接入、使用和销毁过程的痕迹管理，确保健康医疗大数据访问行为可管、可控及服务管理全程留痕，可查询、可追溯，对任何数据泄密泄露事故及风险可追溯到相关责任单位和责任人。

1.1.3 数据流通方面的法律法规

在数据流通方面，近年来我国出台了一系列法律法规和政策文件，对政务数据共享做了较为全面、明确的规定。2022 年 1 月，国务院办公厅印发《要素市场化配置综合改革试点总体方案》，其中第六点是探索建立数据要素流通规则，该点包括完善公共数据开放共享机制、建立健全数据流通交易规则、拓展规范化数据开发利用场景和加强数据安全保护。《优化营商环境条例》规定，国家依托一体化在线平台，推动政务信息系统整合，优化政务服务流程，促进政务服务跨地区、跨部门、跨层级数据共享和业务协同。政府及其有关部门应当按照国家有关规定，提供数据共享服务，及时将有关政务服务数据上传至一体化在线平台，加强共享数据使用全过程管理，确保共享数据安全。《网络安全法》《电子商务法》对推动政务数据共享、促进政务数据资源开放做了相应规定。此外，《中共中央　国务院关于构建更加完善的要素市场化配置体制机制的意见》《国务院关于印发促进大数据发展行动纲要的通知》《国务院关于印发政务信息资源共享管理暂行办法的通知》《国务院办公厅关于印发政务信息系统整合共享实施方案的通知》等有关文件，对加快推动和规范政务数据共享做出了一系列部署和要求。

各个地方也在加强对数据流通相关的流通细则的定义，主要包括政务类数据的公开和社会化数据的运营。如《上海市数据条例》为公共数据授权运营特设一节，是全国范围内第一次以地方性立法的方式提出建立公共数据授权运营机制，提高公共数据社会化开发利用水平。被授权运营主体应当在授权范围内，依托统一规划的公共数据运营平台提供的安全可信环境，实施数据开发利用，并提供数据产品和服务。通过公共数据授权运营形成的数据产品和服务，可以依托公共数据运营平台进行交易撮合、合同签订、业务结算等；通过其他途径签订合同的，应当在公共数据运营平台备案。

《深圳经济特区数据条例》规定，市政务服务数据管理部门负责本市公共数据管理的统筹、指导、协调和监督工作。公共数据应当以共享为原则，不共享为例外。市政务服务数据管理部门应当建立以公共数据资源目录体系为基础的公共数据共享需求对接机制和相关管理制度。纳入公共数据共享目录的公共数据，应当按照有关规定通过城市大数据中心的公共数据共享平台在有需要的公共管理和服务机构之间及时、准确共享，法律、法规另有规定的除外。公共管理和服务机构可以根据依法履行公共管理职责或者提供公共服务的需要提出公共数据共享申请，明确数据使用的依据、目的、范围、方式及相关需求，并按照本级政务服务数据管理部门和数据提供部门的要求，加强共享数据使用管理，不得超出使用范围或者用于其他目的。

1.1.4　个人信息保护

互联网时代下，个人数据的海量处理在给人们带来便利的同时，也带来了前所未有的挑战，因个人数据被侵犯而产生的纠纷频发，处理应遵循的规则也处在探索之中。在互联网环境下，个体数据的经济价值非常有限，然而拥有海量数据的互联网企业普遍存在涉及个人数据的大数据开发行为，这类大数据产品的财产权如何界定也是各方关注的问题。我国目前《民法典》《个人信息保护法》都将平台界定为数据处理者，而不是数据控制者。尽管就保护义务而言，平台责任相对较弱，作为"硬币"的另一面，也容易对企业主张《竞争法》乃至《财产法》意义上的数据财产权构成不利影响。数据控制者显然比数据处理者有更充分的法理依据来主张数据权利。从数字经济发展的角度来说，对企业的赋权要在保护产权和鼓励竞争之间维持适当平衡，防止企业滥用用户数量优势和数据优势，形成准入壁垒，从而抑制竞争，损害消费者权益。

《个人信息保护法》于 2021 年 8 月正式发布，其中对个人权利影响最大的，莫过于第四十五条增设了"个人请求将个人信息转移至其指定的个人信息处理者，符合国家网信部门规定条件的，个人信息处理者应当提供转移的途径"。至此，数据可携带权⊖正式被纳入我国个人信息保护法律体系。《个人信息保护法》采取多元化的保护路径，既明确了个人在个人信息处理活动中的权利，又采取行政干预的方式，对涵盖国家机关的个人信息处理者进行行为规制，明确个人信息收集、存储、使用、加工、传输、提供、公开、删除等处理环节的规则。

各政府部门和行业管理单位也在积极落实相关法律法规，针对 App 违规收集个人信息等问题先后开展了多项专项治理工作。如中央网信办等四部委联合发布《关于开展 App 违法违规收集使用个人信息专项治理的公告》，工信部印发《电信和互联网行业提升网络数据安全保护能力专项行动方案》，明确开展电信和互联网行业数据安全和个人信息保护违法违规行为集中治理、疫情防控中个人信息安全风险专项排查等相关工作部署。2021 年，人民银行及银保监会一共向银行、保险公司、证券公司等各类金融机构开出了数据相关的罚单 1056 张，处罚金额超过 10.5 亿元，涉及 554家机构。2021 年 1 月，某银行因互联网门户网站泄露敏感信息等六项问题被罚 420万元。

近年来，对个人信息的违规侵犯案例不断发生，表现形式也开始多样化，为了让读者对个人信息被侵犯有更加清晰的理解，下面介绍我国的"人脸识别第一案"：郭某与某野生动物世界有限公司（以下简称野生动物世界）服务合同纠纷案。

该案起因是：2019 年 4 月 27 日，郭某购买野生动物世界双人年卡，留存相关个人身份信息，并录入指纹和拍照。后野生动物世界将年卡入园方式由指纹识别调整为人脸识别，并向郭某发送短信通知相关事宜，要求其进行人脸激活，双方协商未果，遂引发本案纠纷。一审判决判令野生动物世界赔偿郭某合同利益损失及交通费，并删除郭某办理指纹年卡时提交的包括照片在内的面部特征信息等。二审在原判决的基础上增判野生动物世界删除郭某办理指纹年卡时提交的指纹识别信息。

本案的说理中体现出对"人脸识别"中涉及的生物识别信息的保护，对强制使用人脸识别进行了否定性评价。法官认为：自然人的个人信息受法律保护。生物识别信息作为敏感的个人信息，深度体现自然人的生理和行为特征，具备较强的人格属性，一旦被泄露或者非法使用，可能导致个人受到歧视或者人身、财产安全受到不测危害，故应当更加谨慎处理和严格保护。

⊖ 数据可携带权是指：数据主体有权从数据控制者处获取个人信息副本，以及请求数据控制者直接将其个人信息传输给另一实体。

1.2　以数据为中心的网络安全时代

在数据业务蓬勃发展的同时，数据面临的安全风险也越来越高，主要体现在几个方面：一是技术的发展催生出新型攻击手段，这些手段攻击范围广、命中率高、潜伏周期长，针对数据的高级可持续攻击（APT）普遍存在隐蔽性高、感知困难的特点，使得传统的安全检测和防御技术难以抵御入侵监测；二是数据中心大量使用的一些开源软件由于被广泛使用，被暴露的安全漏洞也相对较多；三是数据使用过程中各个阶段都有安全相关的风险暴露，数据安全需要从被动安全保护转向主动风险控制。数据相关的安全风险存在于数据生命周期的各个阶段，包括数据收集、存储、加工、治理、应用和流通的各个环节。我们需要建立一套以数据为中心的安全防护体系（将在第 2 章介绍），以及专门面向数据流通的基于密态数据的多方数据流通技术（将在第 3 章介绍），同时配合已有的网络安全技术体系来共同构建有效的数据安全防护能力。

《信息安全技术　网络安全等级保护基本要求》（即等保 2.0），其定义的网络安全等级保护制度已经成为我国网络安全基本制度体系的通用标准，在传统的等级保护对象的基础上扩大了对云计算、移动互联网、物联网、工业物联网、大数据平台等重要基础设施的要求，而数据安全作为重要要素在等保 2.0 的各个子项目中被多次强调。总体上，该标准要求参加等保 2.0 测评的公司需要在用户行为鉴权、数据访问控制、敏感数据脱敏和重要数据治理方面进行规范操作，对于具体的数据安全产品则需要在数据库漏洞扫描、防火墙、审计、数据加密、脱敏、去标识化、水印等产品上投入精力。表 1-2 汇总了等保 2.0 对数据安全的要求。

表 1-2　等保 2.0 标准对数据安全的要求汇总

等级	数据安全的要求
五级	未做要求
四级	数据库漏洞扫描、防火墙、身份与访问控制、数据备份恢复、数据库加密、数据库审计、数据资产梳理、数据脱敏、数据加密、数据水印、态势感知
三级	数据库漏洞扫描、防火墙、身份与访问控制、数据备份恢复、数据库加密、数据库审计、数据资产梳理、数据脱敏、数据加密、数据水印
二级	数据库漏洞扫描、防火墙、身份与访问控制、数据备份恢复、数据库加密
一级	不需要做等保测评

图 1-3 是一个企业的网络空间以及安全防护体系的总体逻辑架构图，我们将其划分为"五域两层"。"五域"是按照企业的网络空间业务划分的，主要分为互联网

接入域、应用域、数据域、终端接入域和运维域。"两层"主要是基础的主机层和容器层。

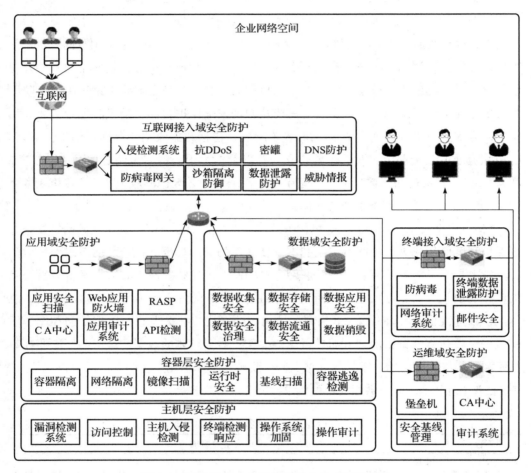

图 1-3　以数据为中心的网络安全体系逻辑架构

互联网接入域负责接入来自外部互联网的网络访问，并通过合适的路由将请求接入各个业务域中。由于互联网接入域面临着比较大的对外信道暴露的风险，因此其对安全风险的防御要求也比较高，其上一般会部署一些基于边界隔离的安全产品（将在1.2.1 节介绍）如防火墙、IPS、VPN 等。

应用域主要负责部署企业的业务应用，为了持续检测可能的应用安全漏洞或者侵入风险，一般需要建立应用安全扫描工具来持续地检测可能的安全漏洞，以及部署

Web 应用防火墙来预防一些常见的 Web 注入风险，部署 API 检测工具来预防 API 的风险。此外应用域需要提供 CA 服务来实现用户认证，并且部署应用审计系统来及时发现违规应用访问行为等。

随着智能硬件设备的增加以及办公设备的多样化，能够连入企业内部的终端设备也越来越多，因此需要有专门的终端接入域，主要负责管理和连接需要接入企业网络的各种终端。为了保证安全，终端接入域一般需要部署防病毒软件、终端数据防泄露软件、邮件安全软件等。

运维人员一般权限比较高，如果存在安全风险，运维人员操作又不够规范，那么危害也会被放大，因此对其操作的规范性要求比较高，企业一般需要规划单独的运维域来接入相应的管理操作，一般会通过堡垒机隔离、细粒度审计等方式来尽可能地保障其安全。

数据域主要负责为各个业务域提供数据支撑，由于数据相关的安全风险存在于数据全生命周期的各个阶段，因此企业需要为数据各个阶段都提供相应的安全防护能力，包括数据收集安全、存储安全、流通安全以及应用安全，同时提供数据安全治理和生命周期管理等相应的方法和工具。我们将在后续章节详细讨论这些手段。

主机层安全防护相对比较成熟，一般包括病毒防范、漏洞检测、访问控制、入侵检测等常规服务。容器层安全防护则是在近 3 年才迅速发展起来的，随着容器技术被广泛采用，容器隔离、运行时安全、漏洞扫描、容器防逃逸等技术也快速落地。

网络安全本身的技术架构也在快速演进，目前企业落地最早的是比较传统并且成熟的基于边界的安全防护架构。由于数据本身没有边界，甚至创造数据价值的关键就是数据在不停地流通，因此基于传统的边界防护技术就不太适合，企业需要针对数据的生命周期特性来针对性地做安全防护，以及专门为数据流通研究相应的密态计算技术（即隐私计算）。近几年来，一些大型互联网企业开始采用安全可靠性更高的零信任安全架构，在工业控制领域我国邬江兴院士提出的拟态防御技术架构能够让系统具备内生安全能力，已经成为《"十四五"数字经济发展规划》提出的重点发展的技术之一，我们将在后续的章节展开介绍。

1.2.1 基于边界的安全防护技术

网络上的资源是可以共享的，但如果有人未经授权得到了他不该得到的资源，信息就泄露了。一般信息泄露有两种方式：攻击者（非授权人员）进入了网络，获取了信息，这是发生在网络内部的泄露；在信息的合法使用者进行正常业务往来时，信息被外人获得，这是发生在网络外部的泄露。

把不同安全级别的网络相连接，就产生了网络边界，而防止来自网络外界的入侵就要在网络边界上实施可靠的安全防御措施。基于边界的网络安全架构通过防火墙技术、入侵检测系统（IDS）、入侵防护技术（IPS）、防病毒网关、虚拟专用网（VPN）等边界安全产品对企业网络边界进行重重防护。它的核心思想是分区、分层（纵深防御），"将坏人挡在外面"，并假定已经在边界内的事物都不会受到威胁，因而边界内部的数据往来基本畅通无阻。

防火墙技术是一种成熟且众所周知的安全产品，具有一系列旨在防止直接访问托管组织应用和数据服务器的功能，在内部网络和外部网络之间形成一道安全屏障，防止非法用户访问内部网络的资源，也防止非法和恶意的网络行为导致内部网络运行遭到破坏。在技术上，防火墙技术主要是通过访问控制策略，对流经的网络流量进行检查，拦截不符合安全防护策略的数据包。其访问控制策略包括预设允许和预设拒绝两类策略，预设允许策略指除符合事先设定的拒绝访问规则的通信外，其他通信都被允许；而预设拒绝策略指只有符合设定的允许访问通信规则的通信才可以通过，其他的都拒绝通过。在具体实现上，防火墙可以分为包过滤、代理型、状态监测、深度监测和 Web 应用防火墙（WAF）这几类。其中 WAF 是通过一系列针对 HTTP/HTTPS 的安全策略来专门为 Web 应用提供保护的一种新型网络防御技术，其工作在应用层，能够解决传统防火墙技术难以解决的 Web 应用安全问题，如 SQL 注入、XSS 攻击等，对来自 Web 应用程序客户端的各类请求进行内容检测和验证，对非法的请求予以实施阻断，甚至是融合人工智能技术来动态管理安全规则，降低管理和维护的难度。WAF 实际解决了应用安全防护的很多问题，因此得到了非常广泛的应用。不过防火墙技术通常需要规则配置的先验知识，对于未知漏洞或后门没有防御作用，因此需要及时更新规则库和安全策略，故而强大的后台分析和实施更新的能力就成为有效应用防火墙的关键性要素。

入侵检测技术（IDS）通过监视网络或系统资源，寻找违反安全策略的行为或攻击迹象并实时发出报警，一般放置在防火墙之后作为防护手段的补充。它是一种积极的防护技术，通过收集和分析网络行为、安全日志、审计数据等数据，试图在网络系统受到危害之前拦截这些危害。入侵检测系统的技术包括：基于主机的入侵检测（通过分析来自单个系统的系统审计日志来检测攻击）、基于网络的入侵检测（在关键的网段或交换环节通过捕获并分析网络数据包来检测攻击)、基于应用的入侵检测(分析一个软件应用发出的时间或应用系统的交易日志文件)、采用异常检测的入侵检测(根据已有的系统正常访问活动,推测当前的时间是否为正常的访问活动)等。入侵检测本质上是发生入侵后的被动防御技术,依赖日志收集和分析能力,分析的准确性和实时性是关键的技术指标。

入侵防护技术(IPS)统筹部署在目标内部网络和外部网络的链路通道上,接收外部系统流量并检查其中是否包括异常活动或可疑内容,如果不包含,再将流量注入内部网络中,否则清除数据包以及所有来自同一数据源的后续数据包。入侵防护系统的设计宗旨是在发现入侵活动时及时拦截,因此能够起到更好的防御作用。根据事先的原理不同,入侵防御技术主要分为基于主机的入侵防护、基于网络的入侵防护和基于应用的入侵防护,一般会融合防火墙的访问控制功能和入侵检测系统的检测功能。由于入侵检测系统建立在数据通道上,因此对其响应速度、高可用等要求也就更高。

其他关键技术如漏洞扫描技术、蜜罐技术、VPN 等技术涉及内容较多,在此不再一一赘述。企业可以通过多种技术的组合来加强整体的网络安全防御能力,如图 1-4 所示。

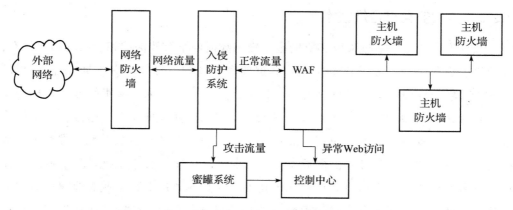

图 1-4　基于多个安全产品组合的边界安全技术架构

以上相关技术,在实现上都属于静态防御技术,其重点是首先建立安全风险评估体系,从而能感知威胁并抽取威胁的规则和特征,之后再通过附加设施对目标系统实施加固防护。随着网络技术的发展和网络结构的日趋复杂,攻击技术迅速创新,这些技术也逐渐暴露出一些不足之处，主要包括以下几点。

1）强依赖先验知识，包括规则库、特征库等。防火墙、入侵防护等技术，都依赖事先形成的经验规则，对于新型的攻击方法，防护能力的持续性依赖于安全人员的专业知识或者安全厂商的持续服务能力，规则库和特征库的形成相对比较被动。

2）防御的实时性能力与及时响应的要求不能匹配。首先静态防御的有效性取决于是否及时发现新特征或创建新规则，其次在高流量的场景下，及时响应也面临因为成本或技术门槛导致的数据分析的计算能力不足问题。

3）无法有效防范内部威胁。防火墙、入侵防护技术主要保护的是从外部网络进入的流量，而如果入侵行为发生在内部网络，则无法有效地进行检测和预警。现实中越来越多的攻击通过其他方式绕过边界防护，直接接触内网用户，并由内向外通过合规的通信协议来窃取信息。

4）内部系统的漏洞被利用。由于自身漏洞的防护并不在边界防护技术的目标范围内，一旦攻击者有能力发现和利用这些安全缺陷，那么任何的边界防护都可以被绕过或欺骗。

由于边界防护技术的不足，新型的安全架构如零信任和拟态防御架构等，目标是能够解决其固有架构的不足问题，详见后文介绍。

1.2.2 数据安全与合规技术

数据安全，是指通过采取必要措施，确保数据处于有效保护和合法利用的状态，以及具备保障持续安全状态的能力。数据安全合规的目标是确保数据"合法合规"地安全流转，保障数据安全的情况下，使其价值最大化，来支撑组织业务目标的实现。随着相关法律法规的密集出台，各个行业都在推动数据安全的落地，需求的爆发也带动了数据安全技术的飞速发展，各个厂商的数据平台和数据库也都加大了数据安全技术的研发。另外，面向数据资产和业务层的安全技术也蓬勃发展起来，比如数据分类分级、个人信息去标识化等技术。在具体落地上，企业需要建设数据安全的技术体系和数据安全合规管理体系，两者配合来实现比较完善的数据安全保护能力。

图 1-5 是 Gartner 总结的过去十年来数据安全治理技术的发展过程，早期只做数据库的行为监控和审计，逐步发展为包括分类分级、数据风险分析、（个人信息）去标识

化等在内的完整技术体系，安全防护手段覆盖数据平台和数据本身，下面我们将简单介绍一些比较新的数据安全治理技术。

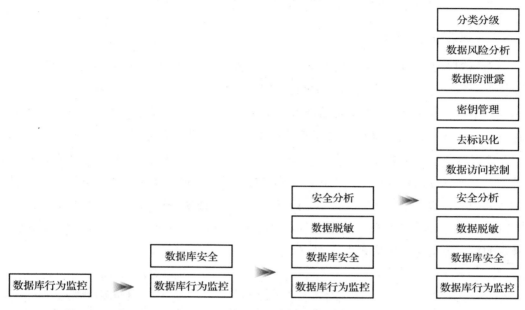

图 1-5　数据安全治理技术的演进

　　数据分类分级能够帮助企业建立数据地图，并基于数据地图来形成敏感数据目录、建立数据分类分级保护制度、建立重要数据的防护策略等，建立和完善敏感个人信息的识别和分类管理体系，从而采用技术手段来保证数据分类分级管理制度，符合《数据安全法》和《个人信息保护法》等法律要求以及各个行业的分类分级标准要求。由于企业内的数据规模大、类型多，分类分级的工作如果用手工方式来推进，那么无论是效率还是可持续性都不足，而随着数据相关的法律法规持续发布，即使改进手工方式也很难保证持续演进，因此目前行业内基于智能化手段的分类分级技术在快速发展。

　　数据风险分析通过分析数据安全事件来发现和挖掘数据链路上的在数据使用方面的各种风险，尤其对非合规使用敏感数据和重要数据的相关事件进行追踪，可以帮助企业找到数据链路上的各种问题。

　　去标识化技术主要是为了配合《个人信息保护法》的要求，帮助企业在内部落实对个人信息的去标识化处理。该技术一般包括对目标对象的识别、去标识化的模型与算法、控制重标识的风险等技术点，以及一些流程管控。随着国家标准《信息安全技术 个人信息去标识化指南》逐渐被广泛接受，该技术也在快速发展和落地过程中。

其他相关的技术此处不再一一赘述，可以参考第 2 章内容。

1.2.3　数据流通技术

数据安全和数据流通的关系好比矛与盾，流通意味着要暴露更多的数据通道，为安全保障带来更大的挑战。为了解决这个问题，科学家们提出了一个新思路，就是隐私计算技术。隐私计算本质上是在不泄露数据的前提下，对密态的数据做计算，从而保证数据可用不可见。这里涉及两项关键技术：一个是所有计算都要在密文上操作；另一个是计算模式需要发生变化，原来的计算是同一个计算模型作用于聚集在一起的数据上，而现在的计算模式是把代码、模型拆分开，并把它们下发到数据所在的不同地方并独立计算，最后将结果汇集。隐私计算技术又分出多个流派，主要代表包括多方安全计算、联邦学习和可信执行环境，如图 1-6 所示。本书第 3 章将介绍隐私计算技术的主要分支及其发展现状。

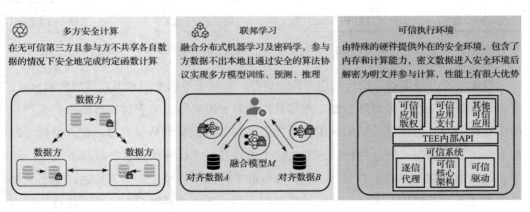

图 1-6　隐私计算技术的主要代表

数据流通最初主要体现为数据包之间的交互，我们称之为 1.0 时代，这种方式容易导致用户隐私泄露以及被使用方二次滥用。之后，很快迈入 2.0 时代，是 API 时代，指企业之间通过 API 交互数据，这时候又会出现另外一个问题，即数据一旦传输出去，就永久出去了，会有被多次传输的风险，同样无法满足当前法律法规的要求。随着数据安全和流通技术的快速发展，很快进入了 3.0 时代，将数据的流通构建在安全合规和与隐私计算的基础之上，采用隐私计算技术保证数据不移动，而让算法、模型和协议移动，以此来保障数据安全。图 1-7 展示了数据流通形式的发展过程。

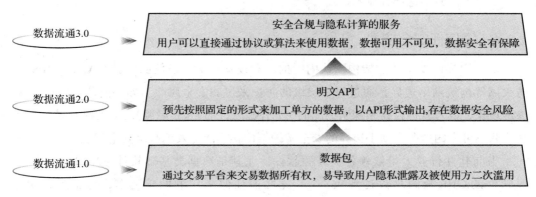

图 1-7　数据流通形式的演进

除了包括隐私计算技术在内的数据流通形式以外，对数据流通模式的探索也是当前行业内技术发展的重要事项。早期的数据流通模式更多是企业之间点对点的流通，这个过程缺少第三方的合规与监督，容易造成数据安全事件发生。随着国内法律法规对数据安全的要求越来越高，以数据交易中心为主导构建的多方数据流通模式逐渐成为主要模式，拥有数据的企业对数据做好分类分级以及合规处理，然后将其挂牌到数据交易中心，由数据交易中心负责产品挂牌、交易撮合、流通监督、过程合规等具体工作，需求方通过登录数据交易中心的数据商城来更好地找到需要的数据，并发起数据交易流程。数据流通的总体流程如图 1-8 所示。

图 1-8　以数据交易中心为主导构建的数据流通模式

目前各个数据交易中心主要推动的数据流通方式都以隐私计算技术为主，由于隐私计算技术整体仍然处于快速发展期，尚未形成统一的标准规范，因此各个数据交易中心一般不限制具体的隐私计算技术。而保证数据可以用于流通是另外一个重要的工作，这其中不仅涉及技术问题，更需要解决数据的合规问题，因此总体上需要有一个数据合规平台，用于保证进入隐私计算系统的数据符合相关的法律法规要求。我们将在第 3 章展开介绍这部分技术。

1.2.4　零信任安全技术

基于边界的安全防护架构默认内网的人和设备是值得信任的，通过 WAF、IPS 和防火墙等构筑网络边界，通过每一层级的防护来过滤安全风险。如果内部系统存在被渗透现象，或者软件存在未探明的漏洞（如开源软件的 CVE 漏洞），又或者内部人员出现一些不可靠的情况，基于边界的安全防护架构就不能有效地解决安全问题。

当前软件行业大量依赖各类开源软件，尤其是数据类基础软件。2019 年知名开源软件的 CVE 漏洞总数达到 968 个，比之前任何一年的两倍还多，包括 MySQL、Spark、Nginx、Kubernetes、MongoDB 等在内的知名开源项目都存在很多的安全漏洞，因此基于这些软件构建的企业数据中心也会存在很多的数据风险。2021 年 12 与 9 日，Apache 的 Log4j 项目暴露了一个严重的安全漏洞，攻击者只需要向目标机器传入一段特殊代码就可以找出漏洞并可以自由地远程执行代码来控制目标机器。由于 Log4j 项目被广泛使用，因此这一事件导致几乎所有的互联网公司在随后几周陆续安排对内部系统进行持续升级，无疑给整个行业带来了巨大的运营成本。

基于大量开源软件存在安全漏洞的实际情况（可参考图 1-9），我们应该假设系统一定存在未被发现或未被修补的漏洞，内部人员也存在操作违规的可能，因此基于边界的安全防护技术就不能完全解决当前的网络威胁，于是诞生了零信任安全技术。2010 年埃文吉尔曼首先提出了零信任网络的概念，2014 年 Google 的 BeyondCorp 项目成功并陆续发表了多篇论文，证明该技术具备了投入工业生产的成熟度。目前该技术已经在行业里实现了规模化落地。

顾名思义，零信任安全技术就是默认所有的网络流量都是不可信的，对访问任何资源的任何请求都需要进行安全控制，通过微隔离、身份认证等技术来保证实时地对所有访问进行信任评估和访问控制，其参考架构如图 1-10 所示。

零信任最本质的工作是在访问主体和访问客体之间，通过一个以身份认证为基础的动态访问控制体系，对默认不可信的所有访问请求进行加密、认证和授权管理，并根据持续性的信任评估，对数据权限做动态调整，最终在访问的主体和客体之间建立动态的信任关系。一个具体的访问行为被分解为控制平面和数据平面的两个操作，访问主体首先通过控制平面发起访问请求，在获得允许后，系统动态配置数据平面，此时可信代理接收来自访问主体的数据流量，然后建立一个一次性的安全访问连接。接着信任评估引擎会持续进行信任评估，并为动态访问控制引擎提供数据用于决策。动态访问控制引擎持续地判断控制策略是否需要改变，如有需要，则及时通过可信代理来连接终端，从而终结该安全风险。

软件产品	总的CVE漏洞数	被攻击次数
Jenkins	646	15
MySQL	624	15
JBoss	88	8
OpenStack	165	7
Tomcat	72	7
Hive	90	6
Vagrant	9	6
Elasticsearch	58	4
Ansible	32	4
Magento	154	3
Alfresco	9	3
GitLab	306	2
OpenShift	76	2
PostgreSQL	47	2
Docker	30	2
Redis	16	2
Chef	10	2
Kubernetes	44	1
Nginx	22	1
Spark	16	1
LifeRay Portal	10	1
Odoo	10	1
Kaltura	5	1
SVN	5	1
Artifactory	4	1
Puppet	72	0
Cloud Foundry	42	0
Kibana	29	0
MongoDB	18	0
Hbase	12	0

图 1-9　2019 年一些知名开源软件暴露的 CVE 漏洞

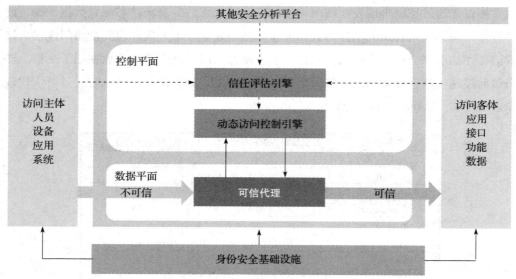

图 1-10　零信任安全技术的参考架构

如图 1-10 所示，零信任安全架构的主要组件包括信任评估引擎、动态访问控制引擎、可信代理和身份安全基础设施。可信代理是动态访问控制策略的执行者，根据实时分析的策略来决定建立或者断开安全通道。信任评估引擎和动态访问控制引擎需要联动，信任评估引擎根据上下文来评估当前连接的风险等级，动态访问控制引擎根据连接的情况以及评估数据来动态决定连接的访问权限，其本质上都是实时分析系统。身份安全基础设施为各个引擎提供基础的实体身份数据和权限数据，一般包括公钥系统、身份管理系统、数据访问策略系统等。总体上零信任安全架构需要收集和分析大量的安全操作类日志，并结合大量的专家规则来实现对安全规则的实时研判。

需要强调的一点是，零信任安全只是理念，企业需要依靠技术方案才能将该理念真正落地，在 NIST《零信任架构标准》白皮书中列举了 3 个技术方案，可以归纳为"SIM"组合，即 SDP（软件定义边界）、IAM（身份权限管理）和 MSG（微隔离）。

SDP 是国际云安全联盟 CSA 于 2014 年提出的基于零信任（Zero Trust）理念的新一代网络安全模型。SDP 旨在使应用程序所有者能够在有需要时部署安全边界，以便将服务与不安全的网络隔离开来，并将物理设备替换为在应用程序所有者控制下运行的逻辑组件以实现边界隔离，所有的通信连接要在通过设备认证和身份认证后才允许访问企业应用基础架构。SDP 的体系结构主要包括 SDP 客户端、SDP 控制器及 SDP 网关这三个组件，其中客户端主要负责认证用户身份，将访问请求转发给网关；控制器负责身份认证及策略配置，管控全过程；网关主要负责保护业务系统，防范各类网络攻击，只允许来自合法客户端的流量通过。SDP 可将所有应用程序隐藏，使访问者不知应用程序的具体位置，同时所有访问流量均通过加密方式传输，并在访问端与被访问端之间点对点传输，其具备的持续认证、细粒度的上下文访问控制、信令分离等防御理念可有效解决企业业务拓展中的安全问题。

随着数字化转型的不断深入，业务的云化、终端的激增均使得企业 IT 环境变得更加复杂，传统静态且封闭的身份认证与访问管理机制已不能适应这种变化，全面身份化是零信任安全架构的基石，该架构所需的 IAM 技术通过围绕身份、权限、环境等信息进行有效管控与治理，从而保证让合法的身份在合法的访问环境下，基于正当理由访问正确的资源。因此，零信任安全架构中的 IAM 将更加敏捷、灵活且智能，需要适应各种新兴的业务场景，能够采用动态的策略实现自主完善，可以不断调整以满足实际的安全需求。

微隔离是一种网络安全技术，它可以将数据交易中心在逻辑上划分为多个工作负载级别不同的安全段，然后定义安全控制策略并为每个唯一段提供服务。微隔离使 IT 人员可以使用网络虚拟化技术在数据交易中心部署灵活的安全策略，而不必安装多个物理防火墙。此外，微隔离可用于保护每个虚拟机（VM）或者容器（Container）在具有策略驱动的应用程序级安全控制的企业网络中。微隔离技术按照实现方式又可以分为云原生微隔离（基于 VM 或 Container 技术的隔离）、API 级别微隔离和主机级微隔离。

1.2.5　内生安全问题与拟态防御架构

内生（Endogenous，又称"内源"）的字面意义是，一个系统或一个模型内存在互为依存或具有纠缠关系的因素（或变量）。简单来说，内生安全即软硬件的"副作用"和"暗功能"：设计、开发中的主观因素，经济全球化生态环境带来的客观影响，技术及理论层面的不足，种种原因导致所有信息系统或设备都存在不可避免的漏洞、后门问题。以下所列均为网络空间内生安全问题。

（1）大数据内生安全问题：分析结论的不可解释性。

（2）人工智能内生安全问题：分析结果的不可解释性、不可判识性、不可推理性。

（3）区块链内生安全问题：市场占有率大于 51% 的软硬件节点中存在共模性质的漏洞、后门等。

（4）5G 网络内生安全问题：与 IT 及互联网深度融合引入传统 IT 基础设施的漏洞、后门、木马病毒等。

（5）可信计算内生安全问题：可信根的可信性存在"灵魂拷问"问题。

（6）动态 / 主动防御内生安全问题：无法防护基于宿主环境内调度环节的漏洞、后门攻击。

（7）传统可靠性理论的内生安全问题：功能安全与网络安全已成为交织问题。

内生安全有很多安全共性问题，如何才能证明这种叠罗汉式的附加安全防护是安全可信的？如何才能证明叠上去的每一个"罗汉"其自身是安全可信的？由于内生安全问题的存在，所有的安全技术怎样才能"自证清白"？能否在联网条件下避免触发或隔离内生安全共性问题？无论采用外挂式还是内嵌（Embedded）或内置（Built-in）式的安全部署方案，也不论使用何种动态防御、主动免疫或认证加密等技术，都无法彻底摆脱内生安全共性问题造成的阴影。

中国工程院邬江兴院士根据拟态章鱼仿生学原理，从安全的本源出发，跳出传统安全定式创新解决网络空间共性安全难题，让安全由"外挂"变成"内生"，构思出一套可防御未知漏洞威胁的网络空间内生安全防御体系架构。

拟态防御技术，不同于传统网络安全防御技术，该理论不再追求建立一种无漏洞、无后门的运行场景或防御环境，而是从迭代收敛的更一般的角度来看，构建用于策略规划和执行环境重建的多维动态的负反馈机制。其核心框架为动态异构冗余架构（Dynamic Heterogeneous Redundancy，DHR），DHR 通过将动态和随机属性导入非相似余度（DRS）架构来提高其抗攻击性，是融合了"动态性""异构""冗余""多模裁决机制"等多种技术要素的主动防御手段，能够打破传统信息系统和防御方法的桎梏，创建内源性的"测不准"防御环境，用不确定防御原理来对抗网络空间的确定或不确定威胁。形象地说，拟态防御是一种内生"疫苗"，能够让软硬件系统与网络空间的"病毒"共存，且不让病毒危害机体，为网络空间覆上一张"安全防护网"。DHR 结构如图 1-11 所示。

DHR 架构主要由异构构件集、动态调度机制、输入代理、执行体集和裁决器（表决器）组成。其中，异构构建集合（执行体池）由 m 个功能等价的执行体组成。这些功能等价的执行体可以在程序版本、开发语言以及运行架构层面实现异构。然后，动态选择算法从中选择 n 个执行体作为一组，形成当前某一时刻相应输入请求的执行体集。输入代理负责分发请求到各个执行体。同时，裁决器对所有执行的执行结果做出整体决策，并获得最终输出，当少量执行体存在漏洞被攻击而得到不同的结果时，系统会感应到输出差异，激活裁决机制与动态调度算法，裁决机制保证了少数的错误结果被多数的正确结果屏蔽，维持当前系统的稳定状态，动态调度算法通过智能地从执行体集中选择冗余备份的执行体，替换当前执行体集中状态异常的执行体，快速恢复系统的稳定运行状态，消除少数执行体因存在漏洞被攻击导致的系统不稳定状态。

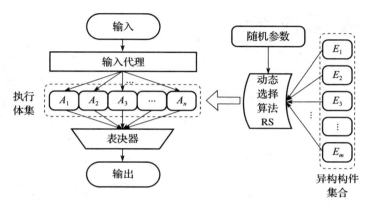

图 1-11 拟态防御架构（动态异构冗余 DHR）

邬江兴院士在其著作中介绍，基于内生安全理论的拟态防御核心机理，将网络攻击问题转化为动态异构冗余（OER）环境内应对广义差模 / 共模干扰的问题，使得网络安全可以借鉴成熟的可靠性理论和方法来设计与度量，使 Safety & Security 问题能够用一体化方法处理。拟态防御技术如今已从单纯的理论研究迅速发展，逐渐覆盖技术发展、产品应用、实战演练、生态建设等多个维度。

Chapter 2   第 2 章

数据安全

　　数据安全是指通过采取必要措施，确保数据处于有效保护和合法利用的状态，以及具备保障持续安全状态的能力。数据安全合规的目标是确保数据"合法合规"地安全流转，在保障数据安全的情况下，使其价值最大化，从而支撑组织业务目标的实现。确保数据的安全，离不开法律法规的强制要求以及安全体系的技术保障。在大数据为人类带来便捷的同时，数据的收集、存储、使用、加工、传输、提供和公开等每个环节相应的数据安全问题越来越引起人们的重视，包括美国、欧盟和中国在内的很多国家、地区和组织都制定了数据安全相关的法律法规和政策，以推动数据应用和数据保护。

　　第 1 章介绍了国内外一些相关的法律法规，本章将基于实践总结并提出数据安全合规的实施方法论。在 2.2 节，我们将介绍什么是数据安全技术体系，以及如何建设这个技术体系。在 2.3 节，我们将介绍数据安全治理的组织与制度建设。由于数据安全合规的体系建设工作非常复杂，且实施成本需要跟企业的业务特点以及企业面临的安全风险相匹配，因此在 4.1 节和 4.2 节，我们将从实践的角度给出一些思考，以帮助读者更好地实现规划和落地。

2.1　数据安全合规

近年来，随着数据安全方面的法律法规陆续出台，相关的违规处罚事件也在不断发生，如各种 App 下架事件。2021 年 11 月，工信部针对 App 超范围、高频次索取权限，非服务场景所必需收集用户个人信息，欺骗误导用户下载等违规行为进行了检查，截至12 月上旬，共有 106 款 App 因未按照要求进行整改而被下架。其中，多个知名 App 赫然在列。工信部通报称，依据《个人信息保护法》《网络安全法》等相关法律要求，相关应用商店应在本通报发布后，立即组织对名单中的应用软件进行下架处理。针对部分违规情节严重、拒不整改的 App，属地通信管理局应对 App 运营主体依法予以行政处罚。

针对监管要求，企业需要尽快落实安全合规建设，通过建立比较完善的数据安全技术体系，以及可持续运营的组织与制度体系，来实现数据安全合规的常态化和业务化。然而，行业内数据安全合规的标准与技术刚刚起步，目前还缺少成体系的方法论和实践操作，或者实施方法不能匹配新的法律法规要求。在这样的背景下，星环科技与多个从事数据安全合规的律所合作，在实践中总结出一套可以高效执行的数据安全合规实施体系，如图 2-1 所示。

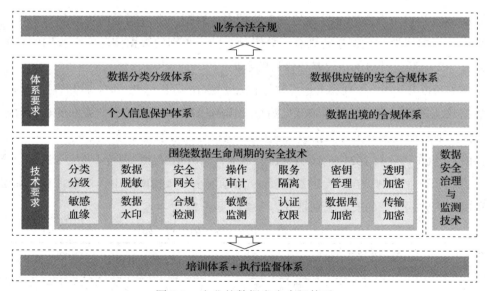

图 2-1　企业的数据安全合规体系

我们的方法论概括了对企业的能力要求和企业需要建设的体系，分为四个部分：体系要求、技术要求、培训体系和执行监督体系。体系要求指的是企业需要最终建成的可以每天持续运行的四个体系，包括数据分类分级体系、个人信息保护体系、数据供应链的安全合规体系以及数据出境的合规体系。企业可根据自身业务特点进行有针对性的建设，如没有出境业务的企业无须建设数据出境的合规体系。技术要求指的是企业需要建设的数据安全技术能力：一是需要覆盖数据在收集、存储、使用、加工、传输、提供和公开等各个生命周期的安全要求，提供分类分级、数据脱敏、数据水印、操作审计、密钥管理、数据库加密等技术能力；二是需要有比较完整的数据安全治理与监测的技术系统，可以将安全合规落实到日常的实际执行中并自动化完成。此外，企业还需要建设培训体系并持续地为内部各级员工提供安全培训和辅导工作，并且配合执行监督体系来保证落地执行的效果。

我们会在 2.1.1 ～ 2.1.4 节分别介绍数据分类分级体系、个人信息保护体系、数据供应链的安全合规体系和数据出境的合规体系，在 2.1.5 节介绍围绕数据生命周期的安全技术，在 2.1.6 节介绍数据安全治理与监测技术。培训体系和执行监督体系的部分会在2.3 节展开讨论。

2.1.1　数据分类分级体系

在围绕数据生命周期全过程的安全防护中，数据分类分级是前置的基础工作。分类是根据数据属性对数据进行划分，分级是对同一类别的数据按照安全级别的高低进行划分。安全防护针对的主要是分级后的数据。

实施数据分类时，主要参考地方和行业陆续发布的规则标准，如：贵州省发布的《政府数据　数据分类分级指南（征求意见稿）》，中国证券监督管理委员会发布的金融行业标准《证券期货业数据分类分级指引》，中国人民银行发布的《金融数据安全　数据安全分级指南》，汽车行业自 2021 年 10 月起施行的《汽车数据安全管理若干规定（试行）》等。

以金融行业为例，在《金融数据安全　数据安全分级指南》中，根据影响对象和影响程度，将数据资产的安全级别划分为 5 级，见表 2-1。

表 2-1　金融行业数据资产的安全分级

最低安全级别参考	数据定级要素		数据一般特征
	影响对象	影响程度	
5	国家安全	严重损害 / 一般损害 / 轻微损害	● 重要数据，通常主要用于金融业的大型或特大型机构，以及金融交易过程中重要核心节点类机构的关键业务，一般针对特定人员公开，且仅为必须知悉的对象访问或使用
5	公众权益	严重损害	● 数据安全性遭到破坏后，对国家安全造成影响，或对公众权益造成严重影响

（续）

最低安全级别参考	数据定级要素		数据一般特征
	影响对象	影响程度	
4	公众权益	一般损害	• 数据通常主要用于金融业的大型或特大型机构，以及金融交易过程中重要核心节点类机构的重要业务，一般针对特定人员公开，且仅为必须知悉的对象访问或使用 • 个人金融信息中的 C3 类信息 • 数据安全性遭到破坏后，对公众权益造成一般影响，或对个人隐私或企业合法权益造成严重影响，但不影响国家安全
4	个人隐私	严重损害	
4	企业合法权益	严重损害	
3	公众权益	轻微损害	• 数据用于金融业机构的关键或重要业务，一般针对特定人员公开，且仅为必须知悉的对象访问或使用 • 个人金融信息中的 C2 类信息 • 数据的安全性遭到破坏后，对公众权益造成轻微影响，或对个人隐私或企业合法权益造成一般影响，但不影响国家安全
3	个人隐私	一般损害	
3	企业合法权益	一般损害	
2	个人隐私	轻微损害	• 数据用于金融业机构的一般业务，一般针对受限对象公开，通常为内部管理且不宜广泛公开的数据 • 个人金融信息中的 C1 类信息 • 数据的安全性遭到破坏后，对个人隐私或企业合法权益造成轻微影响，但不影响国家安全、公众权益
2	企业合法权益	轻微损害	
1	国家安全	无损害	• 数据一般可被公开或可被公众获知、使用 • 个人金融信息主体主动公开的信息 • 数据的安全性遭到破坏后，可能对个人隐私或企业合法权益不造成影响，或仅造成微弱影响，但不影响国家安全、公众权益
1	公众权益	无损害	
1	个人隐私	无损害	
1	企业合法权益	无损害	

在对数据资产完成分类分级后，在其生命周期（包括收集、存储、使用、加工、传输、提供和公开等）的全过程中对其实施必要的保护。在数据要素市场的背景下，在数据资产的流通（使用）环节中，也将根据安全级别的不同采取不同的流通方式。以表 2-2 为例，某一般性组织将数据安全级别划分为 3 级（一般数据、重要数据、核心数据），其中一般数据可采用数据集或 API 流通，重要数据可采用基于隐私计算的安全流通技术流通，核心数据禁止流通。

表 2-2 数据级别与流通方式

数据级别	流通方式
可公开的一般数据	数据集、API
受限流通的重要数据	基于隐私计算的安全流通技术
禁止流通的核心数据	物理隔绝 / 一般不流通

根据企业的组织方式，数据分类分级流程大致包括以下四步：数据分类分级准备、

数据分类分级初步判定、数据分类分级人工复核以及数据分类分级批准，如图 2-2 所示。

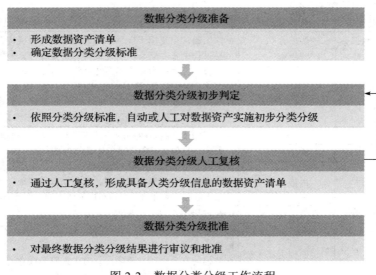

图 2-2　数据分类分级工作流程

下面详述这四步。

❑ 数据分类分级准备：对数据进行盘点、梳理与分类，形成统一的数据资产清单；确定企业采用的分类分级标准，可参照国家法律法规、地方和行业的规则标准，以及企业内部的管理要求。

❑ 数据分类分级初步判定：按照分类分级标准，对数据资产清单中的库、表和字段进行自动或人工识别，完成对数据资产的初步分类分级。

❑ 数据分类分级人工复核：综合考虑数据规模、数据时效性、数据形态（如是否经汇总、加工、统计、脱敏或匿名化处理等）等因素，对初步分类分级结果进行人工复核，形成具备人类分级信息的数据资产清单。

❑ 数据分类分级批准：最终由数据安全管理最高决策组织对数据分类分级结果进行审议和批准。

因为企业内数据资产数量巨大，而分类分级需要落实到具体的数据表和字段层面，所以完整的分类分级工作量巨大，并且非常容易出错，也就非常需要技术工具的支撑。分类分级技术工具能够简化人工分类分级中的大量烦琐和重复性工作，通过高效率的计算能力和准确的数据发现能力实现对海量数据的敏感类别发现和分级管理。通常，分类分级技术工具需要具备以下能力。

- ❑ 基于规则和模式匹配的数据发现能力。一般是按照具体行业（如金融和汽车行业）的分类分级规则标准将识别规则或模式程序化置入技术工具，从而通过技术工具自动发现各种类型的敏感数据，进而供管理人员完成分类分级复核。
- ❑ 基于批处理和并发任务的运行能力，从而面对海量数据可以快速地完成识别扫描，满足分类分级的时效性要求。
- ❑ 按照业务管理要求，提供分类分级的复核流程，同时也提供人工标识分类分级的管理能力。
- ❑ 针对已分类分级和未分类分级数据的可视化管理及统计能力。

2.1.2　个人信息保护体系

随着消费互联网的发展，如今个人信息大量留存于各行各业的数据平台之中，尤其是大型互联网企业、大型企事业单位，个人信息的安全防护形势十分严峻。《个人信息保护法》的第七章明确了法律责任。包含大量个人信息的数据资产在营销推广、商业分析、个人征信等方面具有很大的经济价值，但企业在挖掘使用这些信息时必须在合法合规的前提之下。

"个人信息去标识化"即去除或降低数据集中个人信息的区分度，使得无法将数据集中的信息对应到特定个人，同时保留数据集的使用价值。例如，将数据库表中的姓名用假名替换，去除个人的姓名信息，则数据集接收方无法根据数据集中的信息获取个人姓名，同时数据集的统计价值得以保留。常用的去标识化方法有屏蔽、变形、替换、加密、泛化、取整、加噪等。

个人信息去标识化会降低数据的安全级别，在满足合规要求的情况下，允许数据使用方在某种数据公开方式下应用数据。数据公开方式有三种：完全公开、受控公开和领地公开，如表 2-3 所示。其中，领地公开通常是指由数据提供方来提供数据使用的软硬件设施，可以有效限制数据使用方的数据使用方式，从而在提供较高安全级别数据的情况下保障数据的安全使用。例如，数据使用方在领地公开场景下，由于被限制了可用于关联的数据集，因此无法通过关联手段进行个人信息的反向推断。

表 2-3　数据公开方式

公开方式	公开场景
完全公开	数据一旦发布，很难召回，一般通过互联网直接公开发布
受控公开	通过数据使用协议对数据的使用进行约束
领地公开	在物理或虚拟的领地范围内共享，数据不能流到领地范围外

2.1.2.1 总体设计原则

个人信息去标识化需要关注以下原则，以保证去标识化工作安全、有效地开展。

❑ 合规。个人信息去标识化应满足我国法律、法规和标准规范对个人信息安全保护的有关规定，并持续跟进有关法律、法规和标准规范，同时需要符合数据交易所的管理规定。

❑ 防止重标识化。重标识，即数据接收方通过各种技术手段获得数据集与个人信息的关联关系，从而全部或部分恢复个人信息。例如：数据提供方在去标识化过程中，去除了身份证号、姓名这些直接个人信息，但是保留了其他非直接的特征信息，如身高、年龄、学历等，数据接收方通过已有数据掌握了这些非直接特征信息，通过非直接特征信息的匹配，就可以识别出信息对应的个人。常见的重标识攻击包括：

- 重标识一条属于特定个人信息的记录；
- 重标识一条特定记录对应的个人信息；
- 尽可能多地将记录和其对应的个人信息关联；
- 判断特定的个人信息在数据集中是否存在；
- 推断和一组其他属性关联的敏感属性等。

　　基于重标识化的风险描述可以看出，去标识化工作是数据安全防护领域里的技术性工作，包括：通过分析数据用途、使用场所等因素，采用合理的去标识化方法，通过去标识化技术工具完成去标识化处理。同时，企业对去标识化过程中形成的辅助信息（例如密钥、映射表等）也需要采取有效的安全防护措施等。

❑ 数据最小有用性。个人信息去标识化会对原始数据信息造成损失，需要根据数据应用的要求，在去标识化的同时保留有用的数据信息。然而，较小的损失意味着存在较大的重标识风险，反之亦然，因此需要在数据有用性和数据损失之间进行分析和考量。通常，我们会以最小化有用信息为原则，不建议提供超过数据接收方使用目的的冗余数据信息。

❑ 应用技术工具。针对大规模数据集的去标识化工作，应考虑使用数据安全类工具提高去标识化效率，保证有效性，并且有效地监测在实际业务运行中个人信息的去标识化是否被细粒度执行。

2.1.2.2 去标识化的流程

个人信息去标识化的主要业务流程如图 2-3 所示。

数据资产分类分级
- 通过对数据资产的分类分级工作，形成分类分级资产清单，完成对个人信息的识别和安全级别的确定

确定去标识化对象和去标识化算法
- 确定原始数据集、标识化字段等去标识化对象
- 根据数据的用途、使用场景（完全公开、受控公开和领地公开）、与其他已发布数据的关联性等，设计去标识化算法

通过去标识化技术工具完成去标识化处理
- 通过去标识化技术工具完成去标识工作

去标识验证与发布审批
- 自动或人工验证
- 完成去标识化后数据集的发布审批等管理工作

图 2-3　个人信息去标识化的业务流程

第一步是数据资产分类分级。通过对数据资产的分类分级工作，完成企业的数据资产盘点，形成分类分级资产清单，或者对指定范围的数据资产完成分类分级。分类分级工作将包括对个人信息的识别和安全级别的确定。

第二步是确定去标识化对象和去标识化算法。

从防止重标识化的基本原则出发，在确定原始数据集、标识化字段等去标识化对象后，需要综合多方面的因素来确定将采用的去标识化算法。如图 2-4 所示，去标识化算法包括：分类分级后的安全防护要求；根据数据用途分析数据使用中可能存在的风险，确定价值最小有用性要求；

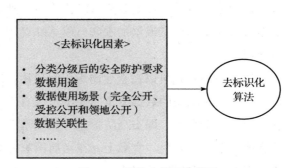

图 2-4　确定去标识化算法

根据使用场景（完全公开、受控公开和领地公开）确定防重标识化要求；根据与其他已发布数据的关联性确定可能因关联性而产生的防重标识化要求等。

第三步是通过去标识化技术工具完成去标识化处理。

通过去标识化技术工具，对目标原始数据集按照确定的去标识化算法实施去标识化处理，满足高效率和高准确性要求。

第四步是去标识验证与发布审批。

对完成去标识化的数据集进行自动或人工验证，确保去标识化工作的可靠和完整实施，并根据企业数据发布的要求，完成发布审批，实现数据公开。

个人信息去标识化是一项管理与技术相结合的业务，既不是技术工具的直接应用，也不仅是管理上的严格审核与审批，需要进行管理与技术两方面的综合建设，才能保证去标识化工作的可靠落实。

2.1.3　数据供应链的安全合规体系

实现权属数据资产的增值变现以及通过获取外部供应链数据实现企业业务效能的提升，是企业在数据要素市场的两个根本价值诉求，前者对应数据提供方，后者对应数据需求方。来自上游的数据供应链和去往下游的数据供应链构成了企业的数据供应链，来自上游的数据供应链可能带有敏感数据，从而给企业数据的使用埋下安全隐患，去往下游的数据供应链则可能泄露敏感数据。

企业数据供应链的传统使用模式主要是直接提供数据集和提供数据服务 API。在安全管理方面，对于来自上游的数据集，可以通过分类分级管理，进行敏感数据识别和使用中的分级防护；对于去往下游的数据集，可以通过数据脱敏管理去除安全级别高的数据，或通过添加水印的方式将调用信息嵌入数据集中，当下游违规使用数据时可以进行追溯。采用数据服务 API 方式时，则可以通过 API 服务的安全管理，在提供数据时去除敏感信息或添加水印；而 API 调用方对获取的数据，同样可以进行分类分级管理。

以上两种方式可以在企业内组织间应用，通过围绕分类分级的相关工具和管理建设，企业内组织间的数据分发与共享可以有效开展。但在企业间，以上方式会暴露非常直接的安全弱点，即安全防护能力只能基于交易双方的协议来保障，无法真正防止数据泄露事件的发生。实际上，在当前国家分类分级的数据安全规定和数据交易市场的规则下，数据集和数据服务 API 在企业间只能应用于可公开数据，数据流通价值非常有限。高安全级别、高价值数据如果无法在数据要素市场流通，则会大大降低数据要素市场的价值，数据要素市场为经济赋能的战略目标也会受到阻碍。

近几年，提供隐私保护能力的隐私计算技术快速发展。隐私计算作为隐私保护下的数据价值挖掘技术体系，可在数据提供方和数据需求方不泄露敏感数据的前提下，对数据进行分析计算并验证计算结果，保证在各个环节中数据可用不可见，满足数据在流通环节上的隐私保护要求。目前落地的隐私计算技术包括多方安全计算、联邦学习、匿踪查询、差分隐私、可信计算等，我们将在 3.1 节中详细介绍这些技术，本节先简单介绍其中几种技术。

- ❑ 差分隐私。差分隐私是一种在敏感数据中添加噪声以保护隐私的方法，对于个体信息通过加噪来实现去标识化，而保留整体数据集的统计特征。例如，某数据库的样本特征是隐私信息，则在完成差分隐私处理后，只允许查询其样本集的特征值总和等统计信息，而无法获得个体的特征信息。
- ❑ 匿踪查询。在查询过程中，查询方可以有效隐藏查询对象的信息，数据提供方在返回查询结果时无法获知具体的查询对象，数据查询方也无法获得除查询结果以外的数据内容，实现数据查询双方的隐私保护要求。例如，保险公司核实投保人的姓名、身份证号、手机号、银行卡号的真实性时，匿踪查询到数据提供方并进行真实性查询，查询过程中，数据提供方不知道保险公司所查询对象的内容，保险公司也只能得到关于真实性的结果。
- ❑ 联邦学习。人工智能的落地应用往往需要大量的优质数据作为支撑，然而现今许多企业面临着数据样本不足、样本标准不统一、数据难以互通等问题。联邦学习作为分布式的机器学习框架，能够使多个参与方在不暴露数据的基础上实现 AI 协作，通过"数据不动模型动"解决数据孤岛问题，使跨企业、跨数据、跨领域的大数据 AI 生态建设成为可能。

基于隐私计算技术的数据供应链应用在快速发展中，通过隐私计算技术的应用，可以打破企业间的数据孤岛，打通供需双方在数据供应链上的通道，可以将高安全级别、高价值的数据应用于数据要素市场，有利于推进数据要素市场为经济赋能的战略目标。

2.1.4　数据出境的合规体系

按照国家标准《信息安全技术　数据出境安全评估指南（草案）》中的定义，数据出境指的是将在中华人民共和国境内收集和产生的电子形式的个人信息和重要数据，提供给境外机构、组织、个人的一次性活动或连续性活动。数据出境及再转移后被泄露、毁损、篡改、滥用等可能对国家安全、社会公共利益、个人合法利益带来风险，网络运营者需要依照国家法律法规和有关标准的规定，对数据出境组织开展安全评估活动，并对数据进行相关的安全处理，从而使运营者在数据的存储、处理、传输过程中具备保障数据安全的能力和风险应对方案。

数据出境安全评估首先评估数据出境计划的合法性和正当性，若数据出境活动不具有合法性和正当性，则不得出境。在此基础上再评估数据出境计划是否风险可控，从而有效避免数据出境及再转移后被泄露、损毁、篡改、滥用等风险。具体流程如图2-5所示。

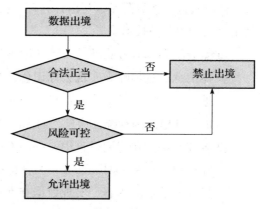

图 2-5　数据出境安全评估流程

2.1.4.1　合法正当性与风险可控性

数据出境的合法正当性要求是最基本的要求，对企业的业务本身有决定性影响，尤其是对于境外 IPO 上市的企业，进入 2022 年后中概股在美国股市上的表现即可充分说明其重要性。合法性主要包括以下四点：

1）不属于法律法规明令禁止的；

2）符合我国政府与其他国家、地区签署的关于数据出境条约、协议的；

3）个人信息主体已授权同意的，危及公民生命财产安全的紧急情况除外；

4）不属于国家网信部门、公安部门、安全部门等有关部门依法认定不能出境的。

各个行业的监管部门会指定相关的细节法规，因此企业在评估数据出境的合法性要求时，不仅要充分评估已有的法律法规，还需要与监管部门充分沟通相关细则，并按照要求及时汇报数据监管情况。此外还需做好个人信息的保护工作，充分评估个人信息授权和保护的现状，并尽量利用技术手段来提升个人信息的管理水平。草案对数据出境的正当性也做了较为清晰的定义，包括：

1）网络运营者在合法的经营范围内从事正常业务活动所必需的；

2）履行合同义务所必需的；

3）履行我国法律义务要求的；

4）司法协助需要的；

5）其他维护网络空间主权和国家安全、社会公共利益、保护公民合法利益需要的。

正当性的评估核心是数据出境计划是否是从事正常业务活动所必需的，并且不会与国家安全、网络空间主权等事项产生冲突。

在完成合法正当性的评估后，如果没有问题，企业就需要进一步评估出境计划是否风险可控，应综合考虑数据属性和数据出境后发生安全事件的可能性。数据属性包括个人信息属性和重要数据属性，两种属性都包括数量、范围、类型和处理技术，个人信息属性还包括敏感程度。其中，个人信息的出境应当符合最小化原则，包括直接业务关联原则、最低频率原则和最低数量原则，如表 2-4 所示。

表 2-4　个人信息出境的最小化原则

原则	内容
直接业务关联原则	没有该个人信息的参与，相应功能无法实现
最低频率原则	向境外自动传输的个人信息频率应是与数据出境目的相关的业务功能所必需的最低频率
最低数量原则	向境外传输的个人信息数量应是与数据出境目的相关的业务功能所必需的最低数量

对于重要数据属性，应评估该数据出境计划是否包含：核设施、化学生物、国防军工、人口健康等领域数据，大型工程活动、海洋环境以及敏感地理信息数据，关键信息基础设施的系统漏洞，安全防护等网络安全信息。这些信息出境后若被泄露或滥用，将对国家安全和社会公共利益产生严重的影响。重要数据的出境同样应当符合最小化原则。

在完成数据属性的评估并确认风险可控后，需要评估数据出境后发生安全事件的可能性。为此，需要评估发送方的技术和管理能力，以及接收方的安全保护能力，包括数据发送方的管理制度保障能力和技术手段保障能力，以及数据接收方的管理保障能力和技术保障能力。此外，数据接收方所在国家或区域的政治法律环境也应评估。

数据发送方的技术手段保障能力包括总体安全防护技术手段，如建立完善的数据传输保护措施；数据出境日志留存，应预先建立数据出境日志留存机制，留存信息包括但不限于：审计报告、数据出境转移日志、数据被访问日志等。管理制度保障能力包括安全管理制度、人员管理机制、审计机制、应急预案、投诉与处置策略和安全事件上报机制。

对于数据接收方，除了评估其管理保障能力和技术保障能力以外，还需要做主体审查。主体审查包括：应具有合法资质；无重大违法记录；针对重要数据，应对数据接收方的背景关系进行评估等。对数据接收方所在国家或区域的政治法律环境的评估工作需要从个人信息和重要数据两个维度来展开。

2.1.4.2 行业重要数据

目前相关主管部门提出了各行业（领域）重要数据的范围，并且各行业主管部门会根据实际情况对该行业的重要数据定义、范围或判定依据等做进一步的明确和判断。本书列出了目前初步划定的 27 类重要数据的范围，方便读者做快速检索，主要内容如表 2-5 所示[⊖]。

表 2-5　行业重要数据

行业重要数据	重要数据包括但不限于
石油天然气	价值类、生产量类、销售量类、施工作业量类、安全与环保类、储备类
煤炭	经济、采购、生产、销售、投资等情况
石化	国家石油、石化工业年度和中、长期发展规划的主要经济技术指标和重大政策措施等
电力	发电厂相关信息、输配电信息、建设运维信息和其他设施
通信	规划建设类、运行维护类、安全保障类、无线电、统计分析类数据等
电子信息	产业运行数据、产业发展数据、电子信息百强企业业务数据等
钢铁	钢铁产业的实力、潜力及竞争力信息等
有色金属	有色金属产业的实力、潜力及竞争力信息，国防军工和国民经济建设发展所需有色金属信息，以及国家有色金属产业发展及外部环境掌控、应对信息
装备制造	生产安全保障类装备和高技术关键装备的投资信息，重要装备出厂后工程活动信息
化学工业	国家主要化工产品生产能力、储备情况等统计信息，剧毒化学品、易爆危险化学品的道路运输、水路运输、航空运输等
国防军工	采购元器件、软件、型号材料、工控设备测试仪器的名称、数量、来源、途径、代理商等信息，以及军工科研生产单位内部名称、地理位置、建设计划等信息
其他工业	战争及临时宣布的紧急备战时期，全国及各大地区军用产品的运输、储备计划和执行情况；处于世界先进水平且对国民经济具有重要影响的工业研究开发项目、计划；具有国际水平和重大经济效益的科研成果中的核心部分；全国输油、输气管线及战备油库的坐标；全国石油库存的分布、统计数字及有关资料；涉及国防军工生产的发供用电规划、计划和统计资料；工业科技发展重点任务中与安全相关的关键科技内容

⊖　该表中内容来自《信息安全技术　数据安全出境评估指南（草案）》，该文件参见 https://www.tc260.org.cn/ueditor/jsp/upload/20170527/87491495878030102.pdf。

（续）

行业重要数据	重要数据包括但不限于
地理信息	重要目标地理信息、未向公众开放的公路/铁路/机场信息、涉及国民经济对民生有重大影响的公用/民用设施信息、江河/管道/桥梁/隧道等的相关重要信息、北斗卫星导航信息；互联网地图服务单位应当将存放地图数据的服务器设在中华人民共和国境内，并将互联网服务单位收集、使用、提供的用户位置相关信息存放在中华人民共和国境内
民用核设施	民用核设施安全监管信息、运行信息和核设施产业发展信息
交通运输	交通运输相关的信息通信系统部署信息、无线电频谱（有公开标准、依照国家公约、国内法律法规规定的除外）；关键铁路线路图、车站布局、轨道分布、仓储数据等资料；涉外交通运输工程施工建设过程中的地理、水文、技术资料、统一口径等数据
邮政快递	与客户签署保密协议或协议中保密条款约定的不能共享使用的信息；邮政服务过程中的名址、联系电话、数量金额等信息等
水利	水情信息拍报电码；未经国际防汛防旱总指挥部批准公布，可能造成重大灾情的水、旱情信息及预报成果；七大江河流域及重要地区水的中、长期供求计划；涉及对外技术合作和水利工程合作项目的未公开出版的科技成果、资料；反映大、中型水库移民生活的资料及水库移民专项资金的年度计划；水文、水质年鉴、水情年报、水情资料汇编和水文公报（含水质通报、水资源公报等）；传输网络中的实时水文与工程运行信息；省际水事纠纷及水事违法案件、水土保持重要案件的正式资料；水行政主管部门发布前的水利统计年鉴、资料汇编；全国江河湖泊水文观测数据，统计整编和分析的水文数据等
人口健康	在药品和避孕药具不良反应报告和监测过程中获取的个人隐私、患者和报告者信息
金融	金融机构安全信息；自然人、法人和其他组织金融信息、中央银行、金融监管部门、外汇管理部门工作中产生的不涉及国家秘密的工作秘密
征信	法院生效判决、裁定、调解和执行信息；欠缴税收信息；欠缴劳动和社会保障保险信息；行政事业性收费、政府性基金欠费信息；公共事业欠费信息；信用卡还款情况、贷款偿还情况；企业和个人与金融机构以外的市场主体发生融资授信关系产生的信息，包括商业信用信息、民间借贷信息和水电费欠费信息等
食品药品	涉及国家战略安全的药品在药品审批过程中提交的药品实验数据；第二类、第三类医疗器械临床试验数据/报告、食品安全溯源标识信息；食品药品安全重大（紧急）信息；大宗粮食加工品（含大米、小麦粉等）抽检监测信息
统计	人口统计信息和经济统计信息
气象	我国气象卫星原始资料；为国家保密任务或者军事部门保密任务专门设置的气象台站的观测气象数据；为作战、军事演习和训练、国防科研实验等任务专门提供的气象数据；为高科技或者特殊科学试验研究获得的空间大气监测数据；为国家或者军事部门保密任务专门统计整编和分析的重要气象数据；通过非国际交换途径获得的各种国外气象数据；我国未参加国际交换的地面气象、高空气象、气象辐射、大气成分、天气雷达、气象卫星数据及相应元数据，我国未公布的数值预报产品；专项、专业气象数据
环境保护	未公布的长时间系列各行业（领域）环境污染的重要污染源监测数据和危害程度以及重大污染事故情况；未公布的长时间系列大、中城市供水水源的水质资料及主要江湖、河段水质监测资料及监测系统信息；未公布的长时间系列城市空气质量监测资料及相应监测系统信息；未公布的全国土壤污染监测或调查数据
广播电视	广播电视安全播出运维、应急保障、调度指挥等信息材料；广播电视监测监管系统产生的相关数据；广播电视台产生业务相关系统网络拓扑、安全运维类信息以及不宜公开的报道方案、媒体资源类文件等信息；广播电视无线和卫星传输覆盖网系统配置、播出参数及台站位置信息等重要数据；全国直播卫星用户信息

（续）

行业重要数据	重要数据包括但不限于
海洋环境	海底地形、海洋水文、海洋气象、水声环境和海洋物理场等观测和统计整编数据；领海内的温盐、水声、底质、潮汐、海流实测数据和相关成果；未公布的海洋生态环境监测数据
电子商务	个人和企业在电子商务平台的注册信息、交易记录、个人偏好数据、企业经营数据、各方信用记录和信用评价信息、电子商务相关服务信息（包括支付和融资信息、物流信息等）、对上述数据进行加工形成的涉及国计民生的全国或区域经济运行、行业发展情况的统计分析报告等

2.1.5　围绕数据生命周期的安全技术

数据的生命周期包括收集、存储、使用、加工、传输、提供和公开等过程，数据安全管理需要围绕数据生命周期的全过程来进行安全分析与建设，以保障数据的安全性与合规性。

将数据全生命周期按各个阶段拆开，则每个阶段都有自己的业务特征和数据安全特征，所要求的关键安全能力也各不不同。针对这些关键安全能力的差异性分析可以帮助安全平台建设者更好地规划建设方案。当然，各个阶段存在一些共性的安全能力要求，这些能力是安全平台建设必不可少的基础，主要包括访问控制、安全审计与安全监测。

从收集阶段开始，对数据的全生命周期访问均需要纳入访问控制管理下进行，以防止因未授权产生数据安全风险。企业需要提供身份认证与权限管理平台，按照数据的责权划分、遵循最小够用原则对组织内人员进行相应强度或粒度的访问授权，并通过身份认证机制实现统一的数据访问管控。访问控制管理是贯穿数据全生命周期的基本能力要求。

对于数据生命周期各个阶段的操作，涉及数据安全的访问与操作日志均需要被集中采集与分析，以实现对全生命周期中数据访问行为的风险识别与上报，并可以提供事件追溯能力。通常，企业可以建设安全审计和安全监测平台来提供相应的能力。

除了上述通用的安全能力要求以外，各阶段还有一些特殊的关键安全能力要求，下面进行简单的介绍。

2.1.5.1　数据收集阶段

关键安全能力要求——分类分级、加密传输：数据收集一般来说要遵循"最小数据、必要数据、知情同意"等原则，以保证合规。但大数据场景下，数据收集源端不是直接的个人用户，其安全属性通常不明确，安全管理人员需要先对收集到的数据完成分类分级处理，在数据生命周期起始阶段就完成对数据的安全性识别和防护策略的配置。完成分类分级处理后的数据才可以进入后续阶段，并且这些数据在整个生命周期中的安全防护都是按照此时配置的防护策略实施的。分类分级技术工具可以帮助安全管理人员高效率、高准确性地进行分类分级识别、分类分级审核和防护策略配置。

数据收集的过程需要基于加密传输来进行，以保证数据的安全可靠，防止数据在收集过程中发生泄露和遭到篡改。

2.1.5.2　数据存储阶段

关键安全能力要求——加密存储、存储隔离：在数据存储阶段，安全管理人员首先需要考虑因数据文件被非法访问或复制而造成的数据泄露。为数据库和大数据平台的存储层增加加密能力，可以有效防止泄露事件的发生。其中数据库内置的透明加密能力，还可以实现加解密过程对业务层透明，实现加解密过程与业务层的解耦。因为是应用层实施的存储加密，所以需要应用层操作解密过程，在一些不太复杂的场景下，也可以简单快捷地实现业务所需的安全要求。但存储层对这种加密方式并不感知，因而这一般不属于数据库及大数据平台层面的安全建设范畴。

不同服务之间在存储上的访问隔离也是数据存储安全的重要能力要求，即需要有技术手段保证不同服务的存储空间之间相互不可见、不可访问，以实现存储上的基本安全防护。当前已广泛应用的存储层虚拟化技术可以有效支撑存储隔离的实现。

2.1.5.3　数据使用阶段

关键安全能力要求——数据脱敏：为防止个人敏感信息、重要数据等在数据使用阶段发生泄露，安全管理人员需要对高安全级别的数据进行脱敏处理，如屏蔽个人身份信息，以降低数据的安全级别并保留业务使用价值，达到合规使用数据的目的。

一般来说，安全管理人员可以使用静态脱敏工具提供的屏蔽、变形、替换、加密、泛化、取整、加噪等脱敏方法和脱敏任务并发能力，高效、准确地完成对原始数据的脱敏处理，然后将脱敏后的数据提供给使用方。

然而由于数据使用频繁，因此静态脱敏通常会占用大量存储资源且很难保证时效，此时动态脱敏工具派上了用场。动态脱敏技术不产生持久化存储的脱敏数据集，它是由资源服务方（如数据库或 API 网关）在数据访问过程中根据数据防护策略在内存中完成的，并直接将数据返回给数据使用方。动态脱敏不消耗存储资源，能够自动化实施防护策略和动态调整脱敏算法，可以帮助数据安全管理人员实施策略化的动态脱敏管理。

2.1.5.4 数据加工阶段

关键安全能力要求——衍生数据防护、分类分级：在数据加工阶段，因加工而产生的衍生数据中可能会携带原始数据中的敏感信息，从而造成敏感数据在安全防护体系外传播。数据安全管理人员需要发现衍生数据的敏感性，持续跟踪衍生数据的传播，并将敏感衍生数据也纳入分类分级管理中。

一个有效的办法是通过数据血缘管理来跟踪敏感数据的传播路径，对衍生出来的数据赋以原始数据的分类分级属性，从而将衍生出来的敏感数据纳入分类分级管理中。

加工阶段也可能因为业务处理而衍生出新的敏感数据，这些敏感数据不是由原始数据产生的，但同样需要被纳入分类分级管理中。安全管理人员可以对衍生数据进行自动分类分级处理，或直接对衍生数据进行人工分类分级标识，以实现针对衍生数据的分类分级保护覆盖。

2.1.5.5 数据传输阶段

关键安全能力要求——加密传输：在数据传输的过程中，系统需要通过加密传输能力来防止数据泄露或遭篡改。技术上可以通过加密、签名、鉴别和认证等组合机制，提供满足各类业务的数据传输安全策略的安全控制技术方案，如安全通道、可信通道等。

SSL/TLS 是常用的构建在 TCP/IP 上的加密传输技术，该技术使用客户端、服务器的公钥和私钥加解密数据。在通信建立前，通信双方使用私钥和签名证书进行加密，使用的证书可以是自签名证书，也可以是由数字证书颁发机构（CA）颁发的受信任的数字证书，从而实现通信双方的认证（证明），确保数据被发送给正确的客户端和服务器。加密传输数据可以防止数据在传输途中被窃取和篡改，从而确保数据的完整性和准确性。

在一些专属的高安全级别的加密传输场合，可以采用通信加密机所提供的可信传输能力。基于密钥管理系统，部署于网络出口处的通信加密机可以为企业提供一对一、一对多的网间通信加密能力。通过芯片级的国密加密，包括将真随机数发生器产生的密钥存储在安全芯片内部，来确保信息安全可靠。通过 IP 隧道技术还可以灵活实现多点网络间通信、多路由负载均衡和自动故障切换等。

2.1.5.6　数据提供阶段

关键安全能力要求——分类分级、去标识化、数据脱敏、水印与溯源：数据提供是数据提供方为满足数据需求方的业务需求而进行的特色化数据产品的生产活动，所提供的数据产品将作为数据公开阶段的数据资产，必须合法合规。

数据产品需要完成去标识化处理。数据提供方需要分析数据需求方对数据特征信息的最小可用性原则，然后按照最小可用性原则、防止重标识原则以及流通场所和流通方式的约束，对所提供的数据进行去标识化处理。不同流通场所和流通方式具备不同的隐私保护能力，因而会影响实际可提供的数据安全级别。例如，在企业内部场所可以提供相对较高安全级别的数据，但在外部公开场所只能提供可公开的数据。

按照去标识化工作的流程，分类分级仍然是前置工作，通过对数据的敏感性识别，找出需要进行去标识化处理的数据。

数据安全管理人员还可以将水印与溯源技术应用到数据产品中，以隐匿的方式在数据产品中嵌入包含调用方信息的水印，在数据发生泄露时，可以通过解析泄露数据中的水印信息对调用方进行责任追溯。

2.1.5.7　数据公开阶段

关键安全能力要求——隐私计算、数据流通平台：数据公开是实现数据资产流通、数据资产增值和数据资产增效的核心价值环节，即将一个数据提供方的数据公开给多个数据需求方的业务服务。

数据公开面临更大的安全风险，企业除了对授权、加密传输、审计与敏感监测等有安全要求外，还需要在过程管理上进行统一管控，因为分散的非管理化的数据公开方式极易导致数据泄露事件发生且难以发现和追溯。企业可以建设统一的数据流通平台，开放给所有的数据需求方用于数据与业务对接。通过平台对数据公开阶段的统一有序管理，可以在防止数据泄露的同时，显著提升数据流通效率和可持续建设的能力。数据流通平台一般为数据提供方和数据需求方提供注册、数据产品公开上架、数据流通相关的申请和审批、数据资产的产品展示、数据流通的过程审计、数据流通过程的计量等功能。

流通场所和流通方式也是数据公开阶段的核心能力。如基于隐私计算技术的数据流通方式可以实现对高安全级别数据的高价值利用，而传统的数据集和数据服务 API 服务方式只适用于可公开的数据资产。此外，提供可信计算环境的交易场所也同样可以提升数据安全防护能力，实现高级别数据的公开利用。

　　以上通过对数据生命周期全过程的安全业务分析，我们给出了各个阶段的通用安全能力要求和关键安全能力要求。企业可以结合数据业务流程和业务场景，得出符合自身特性的安全能力要求集合，从而完成具体的安全建设工作。表2-6对本小节内容进行了汇总。

表2-6　数据生命周期的安全能力要求

生命周期	收集	存储	使用	加工	传输	提供	公开
分类分级	√			√		√	
去标识化						√	
衍生数据防护				√			
数据脱敏			√			√	
水印与溯源						√	
隐私计算							√
安全审计	√	√	√	√	√	√	√
安全监测	√	√	√	√	√	√	√
访问控制	√	√	√	√	√	√	√
加密存储		√					
存储隔离		√					
加密传输	√				√		
数据流通平台							√

2.1.6　数据安全治理与监测技术

　　在数据安全技术体系之上，企业需要落实数据安全治理工作，结合数据监测系统，建立健全数据安全治理体系，实现可持续的数据安全治理目标。

2.1.6.1　数据安全治理

　　数据安全治理是建立一整套可持续运行和可改进的数据安全治理体系，以实现企业数据安全合规的目标，具体包括技术体系、组织与制度体系两部分。技术体系是实现企业数据安全的能力要素，组织与制度体系则为管理要素，两个体系协同实现并持续提升数据安全防护的治理效能。

　　数据安全治理是一项包含数据、人和制度的体系化工程。从方法论角度说，它不适合从具体的安全防护技术手段向上进行展开，也不适合由安全运维人员发起，而是适合由决策层输入安全治理目标、管理层展开安全治理方案的讨论与设计、执行层进行具体实施，即自上而下地展开治理工作，如图 2-6 所示。在具体实现时，主要包括确定安全治理目标、制定安全治理方案和实施安全治理体系这三部分。

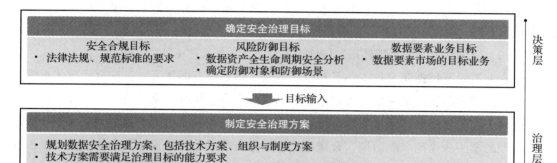

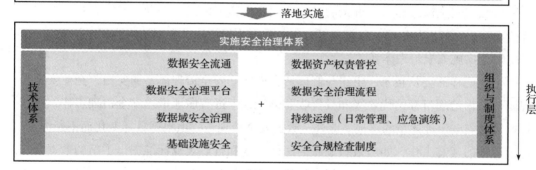

图 2-6　数据安全治理总体框架

（1）确定安全治理目标

1）安全合规目标。安全合规是数据安全治理的首要目标，即满足国家、地方和行业所发布的数据安全法律法规和规范标准的细则要求。这里列举两个例子，一是企业合规审查类的法规，如国家网信办等发布的《网络安全审查办法》的第七条规定"掌握超过 100 万用户个人信息的网络平台运营者赴国外上市，必须向网络安全审查办公室申报网络安全审查"；二是中国人民银行发布的自 2020 年 9 月起实施的《金融数据安全　数据安全分级指南》中，对分类分级管理提出了具体要求。这两类监管规定对企业经营提出了更高要求，也是企业数据安全治理的首要目标。

2）风险防御目标。企业需要从数据全生命周期的角度，分析 IT 设施的安全现状，梳理数据在各个业务流程中可能面临的安全风险，确定防御对象和防御场景。每个企业的数据业务应用和数据治理能力的成熟度存在差异，可以通过第三方进行数据安全方面的业务咨询，厘清企业的数据安全的风险防御目标，发现数据安全治理的短板。

3）数据要素业务目标。围绕企业数据资产的增值或通过外部数据实现业务效能提升是企业在数据要素市场的价值诉求，不同的数据流通业务对数据安全防护提出的能力要求不同，这也对数据安全治理提出了比较明确的业务目标。

（2）制定数据安全治理体系的设计方案

企业需要从数据安全技术体系和组织与制度体系两方面展开数据安全治理体系的设计。组织与制度体系需要覆盖数据资产的权责管控、持续运维、应急管理等，通过建立健全组织与制度体系，实现可持续运维和改进。数据安全技术体系则需要围绕数据资产的全生命周期风险防御、合规细则和数据流通场景等的具体安全能力要求来进行设计，并跟组织与制度体系保持协同。企业通过对数据、人和工具三者的整合分析，来完成数据安全治理体系的方案的设计，主要内容可包括数据资产权责管控制度与流程、数据安全标准与策略、数据分类分级、数据去标识化、数据访问治理体系等。

（3）实施安全治理体系

企业同样需要从技术、组织与制度两方面展开安全治理体系的实施，企业安全治理团队根据治理目标的优先级和投资收益分析，渐进有序地推进安全治理工作，持续打造数据安全治理体系的落地。此外，数据安全治理是一项根据目标变化而不断演进、持续运维的常态工作，如当最新颁布的法律法规和行业规范标准提出了新的数据合规要求时，安全治理团队就需要根据合规目标的调整开展新的治理工作。此外安全治理团队还需要安排例行的安全应急演练以检验持续的风险防御能力等。

2.1.6.2　数据安全监测

企业安全治理人员需要时刻获悉安全运营中的风险及问题，并通过量化的安全评估掌握安全治理目标的达成情况，以实现持续性的安全治理和安全运营。数据安全监测是为达成以上目标而给安全治理人员提供的安全反馈系统，可以及时发现数据安全风险和管理漏洞，按需生成安全评估报告，帮助和驱动数据安全治理工作的持续性调整和完善。

与安全治理一样，企业需要为数据安全监测成立对应的组织，建立对应的监测制度，围绕数据全生命周期的各个阶段的监测要求建设进行安全监测的平台，从而让安全监测可以在企业内发挥独立和积极的监管作用，在企业的事后安全环节实现高度的可管理。

一般来说，安全监测对企业具有以下两方面的安全价值。

☐ 安全监测可以在数据全生命周期中发现违规操作或风险操作，其中包括涉及的操作人、被操作的数据、具体操作行为以及可能产生的风险，通过及时通知安全治理人员，驱动相关问题或风险的快速处置，如调整安全策略堵住漏洞；并可进一步协同相关部门进行责任人员的追溯等。

☐ 安全监测可以针对性地提供安全评估报告，这些报告是对安全治理现状的客观量化评估，如系统中存在哪些分类分级资产，针对这些资产的访问统计，违规或风险事件的情况以及趋势情况等。企业通过报告可以掌握安全治理的客观效果以及仍然存在的问题，从而确定进一步的安全治理目标。同时，按照监管要求，企业向监管部门或第三方机构提供安全监测报告以完成监管义务。

图 2-7 介绍了与安全监测相结合的数据安全治理过程。

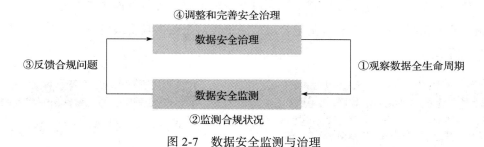

图 2-7　数据安全监测与治理

1）围绕数据生命周期全过程收集各类访问事件，实现对数据安全运行的全面观察。

2）对收集到的各种事件展开分析和评估，按照安全合规的管理要求，识别访问异常数据和高危数据的行为，如针对敏感资产的异常访问、违规下载等不符合分类分级保护要求的事件。

3）产生安全告警及时通知相关安全监测人员，或按需生成安全评估报告。

4）相关人员查阅告警及时进行相应的安全处置，或根据安全评估报告对安全技术体系、组织与制度体系中的具体方面进行更深入的分析和整改。

在安全监测的工具方面，围绕国家等保 2.0 对数据库和大数据的的相关要求，一些企业已经进行了安全审计相关的部署实施。但从围绕分类分级数据的全生命周期监测要求来看，这些工具存在明显不足，因而需要进一步打造。这方面内容将在后续章节展开。

2.1.7 面向行业的数据安全合规的智能化、自动化落地

当前企业从使自身业务合规的诉求出发，快速筹划与开展数据安全的治理工作，包括数据分类分级与个人信息保护能力的建设、供应链数据安全的监测与整改、针对数据全生命周期的安全监测等。监管机构需要对企业的具体安全治理状况进行定期或约定条件下的合规检查，以确认企业是否尽到了合规义务。企业管理层也需要获得数据安全治理工作的客观评价，了解企业当前数据安全的合规水平，发现可能存在的安全治理漏洞，以针对性地展开持续改进。

针对以上需求，由第三方主导的周期性或约定条件下的数据安全合规报告业务正在成为一个重要的运作方式，企业按照监管要求，配合第三方完成相关合规业务。合规报告工作通常由第三方机构来主导，如律师事务所或咨询公司；通过预置行业数据安全管理规范的自动化合规监测工具，对企业数据安全进行全面客观监测，完成合规监测报告；最后由第三方机构基于合规监测报告对企业出具合规意见书。整体流程如图 2-8 所示。

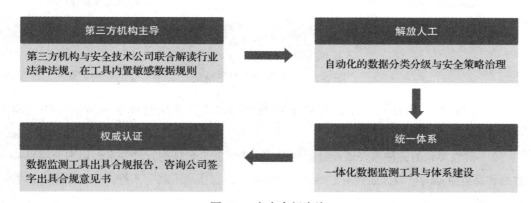

图 2-8　安全合规咨询

2.1.7.1 汽车行业的安全合规

以汽车行业为例，智能车载终端会将驾驶员的影像、语音聊天记录、App 使用记录和支付记录等上传到云端数据中台。因此，车企的云端数据中台可能会存储大量个人隐私数据，依据《汽车数据安全管理若干规定（试行）》等行业规定，需要对这块数据进行安全合规检测，细节见图 2-9。

	数据收集	数据存储	数据使用	数据加工	数据提供	数据公开
安全评估内容	• 采集过程是否脱敏 • 上传云端实时脱敏、上传云端择机脱敏	• 存储加密 • 分类存储 • 分级存储	• 权限管控是否与分类分级相对应 • 是否有审批流程 • 是否有监控与操作审计 • 重要数据使用时是否采取匿名化或脱敏措施 • 是否有发现在数据处理过程中生成重要数据的机制	• 加工后是否有分类分级 • 分类分级与原数据分类分级的映射关系 • 识别加工后的数据是否包含敏感数据	• 是否有审计记录 • 是否降低精度 • 是否涉及个人隐私数据 • 是否存在共享与查询 • 是否有权限管控	• 是否有审计记录 • 公开数据与非公开数据是否隔离 • 是否去标识化，匿名化 • 公开渠道与公开方式是否与分类分级相对应 • 公开的数据是否经过第三方评估，以确保符合个人信息和重要数据安全的相关法律法规

参考上海《2021年度汽车数据安全管理情况报告模板》

图 2-9 汽车行业数据安全的合规检测

首先，基于第三方机构提供的分类分级标准，企业需要对数据中台存储的资产进行梳理，识别个人隐私数据和企业敏感数据。同时，以这些数据为基础加工产生的衍生敏感数据也是识别与追踪对象。最终企业将形成一张数据资产访问报告（示例见图 2-10），该报告展示了企业的分类分级现状，包括哪些数据源进行了分类分级，分类分级结果的统计信息，以及分类分级结果集。基于这份报告内容，企业可以设置对应的安全防护策略，比如对于高安全级别的数据资产的访问需要脱敏、存储需要加密、流通需要通过隐私计算；对于低安全级别的数据资产，则可以直接访问或基于网关共享访问。

其次，对涉及企业敏感数据和个人隐私数据的业务需要进行监测与审计，并对安全风险事件进行分析与告警，形成一份敏感资产操作分析报告。这份报告展示了企业有哪些敏感资产被频繁访问与操作、针对敏感资产的安全防护措施是否得到正确的执行和有哪些用户在频繁访问敏感资产等信息，以指导企业对数据安全风险与漏洞进行整改与加固。图 2-11 是我们设计的模式的运作方式，其中关键事项我们用序号做了标记，在此不赘述。

2.1.7.2 医疗行业的数据安全合规

在医疗行业，医疗机构存储着大量个人健康医疗数据，包括个人属性数据、健康状况数据、医疗应用数据、医疗支付数据、卫生资源数据、公共卫生数据，这些数据都属于《个人信息保护法》中定义的敏感个人信息，药企、医院等都需要对这些数据进行分类分级与安全防护。表 2-7 展示了医疗行业的数据分级标准。

资产访问报告 1

报告出具人员： admin	报告生成时间： 2021-12-24 10:30	报告内容： 资产访问报告	敏感表操作事件总数： 1000 次

访问行为数据

登录审计类： 6 个	权限审计类： 24 个	HDFS 审计类： 562 个	数据库审计类： 6548 个

审计告警 top5 规则名称：

规则名称	告警次数
告警规则名称告警规则名称	100
告警规则名称告警规则名称	1000
告警规则名称告警规则名称	50
告警规则名称告警规则名称	2222
告警规则名称告警规则名称	3333

敏感表告警 top5：

数据源	数据库	数据表	告警次数
Inceptor-5.2	db_edu_educational	edu_class_course_base_20210609	10
Inceptor-5.2	db_edu_educational	edu_class_course_base_20210609	0
Inceptor-5.2	db_edu_educational	edu_class_course_base_20210609	0
Inceptor-5.2	db_edu_educational	edu_class_course_base_20210609	0

敏感表操作告警次数 top5 用户：

用户名	告警次数
用户名称	100
用户名称 111	1000
用户名称 22	50
用户名称 88	2222
用户名称 33	3333

敏感字段告警明细：

数据源	数据库	数据表	字段	敏感等级	业务类型	查询次数	告警次数	告警率
Inceptor-5.2	db_edu_educational	edu_class_course_base_20210609	id	G2	身份证号	100	10	90%
Inceptor-5.2	db_edu_educational	edu_class_course_base_20210609	name	G3	姓名	100	0	100%

图 2-10　数据资产访问报告示例

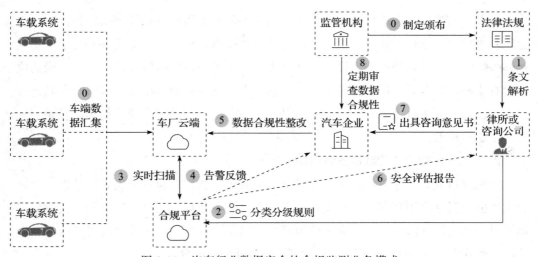

图 2-11　汽车行业数据安全的合规监测业务模式

表 2-7 医疗行业的数据分级标准

级别	定义
第一级	可完全公开使用的数据
第二级	可在大范围内供访问使用的数据
第三级	可在中等范围内供访问使用的数据
第四级	可在较小范围内供访问使用的数据
第五级	仅在较小范围内且在严格限制条件下供访问使用的数据

与其他行业的数据合规相比，医疗行业的痛点问题更多，主要表现在以下几方面。

1）相比其他行业，医疗数据有更多的半结构化数据和非结构化数据，比如医疗器械端的个人诊断数据、HIS 系统中的个人门诊数据等，这些都给数据合规的处理带来了技术挑战。

2）医疗数据的用户对象比较复杂，分为数据主体、数据控制者、数据处理者和数据使用者。这几类用户对象对数据有不同的处理诉求，企业需要严格地按照最小影响范围对用户进行授权。

3）医疗数据面对大量流转与共享场景，比如通过网站或者小程序发布的统计概要类医疗数据可供大众查看、通过 API 方式发布的医疗数据可供医疗系统内的业务部门访问、通过数据中心门户发布的医疗数据可供医疗机构共享。在流转与共享过程中，明文传输方式可能会造成个人信息的泄露。

4）医疗数据访问链路多也给整个数据监测和审计系统带来了巨大挑战，如何对各个用户对象在不同设备、不同系统对敏感个人信息的操作进行监测和审计是医疗行业数据中心需要解决的问题。

为了确保数据安全合规，医疗机构需要基于第三方机构提供的分类分级标准，对医疗数据中台存储的数据资产进行梳理，识别多模态数据中包含的个人医疗健康信息，并进行分类分级。同时，基于这些数据加工产生的衍生敏感数据也需要进行识别与标记。基于这些分类分级结果，企业需要对个人医疗健康信息的存储、使用、共享环节进行对应安全防护，防护手段包括加密存储、数据脱敏、数据水印等。

对敏感个人信息还需要进行监测与审计，并对违规操作、高危操作进行识别与分析，及时给出告警，通知相关人员处理。图 2-12 给出了总体的医疗行业实现数据合规的功能架构，在此不赘述。

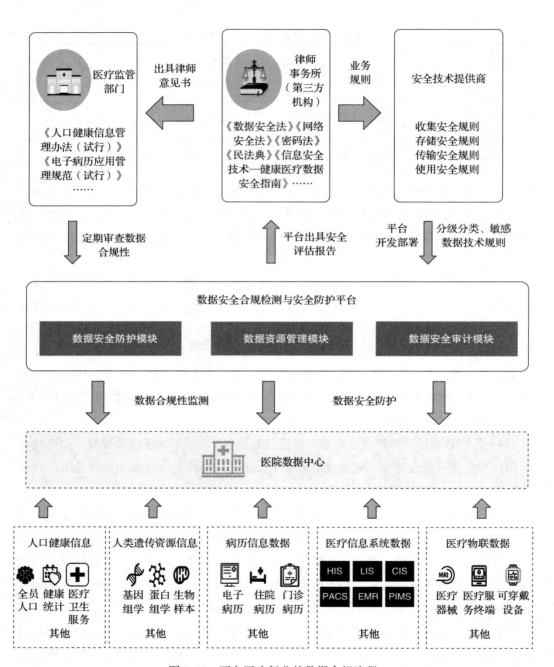

图 2-12　面向医疗行业的数据合规流程

2.2　数据安全技术的能力建设

　　建立健全数据安全技术体系是企业数据安全治理的核心工作，企业需要根据数据安全治理目标，结合组织与制度建设，持续打造数据安全技术体系的安全防护能力，以满足当前不断强化和演进的数据安全治理要求。传统的数据安全技术与应用一般集中在基础设施和边界防护上，如主机防护、防火墙、WAF 和数据加密等；面对流动的数据本身，如何将安全防护覆盖到数据的收集、存储、使用、加工、传输、提供、公开等各个生命周期阶段，并没有有效的手段和体系化的措施。业界对于数据安全的研究也在逐步深化，Gartner 在 *2022 Strategic Roadmap for Data Security Platform Convergence* 研究报告中，对数据安全平台 DSP（Data Security Platform）做了深化的定义，如图 2-13 所示。

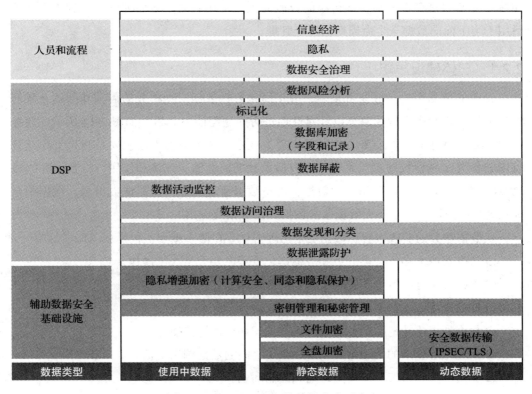

图 2-13　Gartner 定义的数据安全平台

其中，基础设施层需要在传统安全技术，如 KMS、加密存储和加密传输等之上，提供各种基于隐私保护的安全计算能力。数据安全平台则围绕数据的全生命周期构建平台化的安全防护体系，如数据防泄露、敏感数据发现和分级、数据访问管理、数据脱敏、数据安全监测等。经过数据安全平台和隐私计算增强的基础设施，能够全面应对各种数据业务的隐私保护，满足数据安全治理要求。

数据安全的相关厂家同样在积极努力地探索满足数据安全新形势的相关关键技术，包括 API 安全网关可以在 API 服务的环节实现安全接入、敏感数据动态监测和动态脱敏等动态安全防护；敏感数据的审计与监测系统可以将审计和监测对象细化到数据字段粒度。各个厂商也在积极跟进数据分类分级标准规范，不断丰富去标识化的算法和完善去标识化管理，加大在敏感数据传播方面的深度探索等。不同厂家往往在各自擅长的领域或熟悉的业务场景有相对专注的安全技术，有些能力不一定具备普适性，但在体系方面大家存在共识，即传统的分散的偏原子化和某一方面的安全管理工具并不适用于当下面向数据全生命周期的安全管理。

2.2.1 总体建设思路

企业的数据架构一般非常复杂，为了简化分析数据安全相关的需求和问题，我们将其按照部署架构进行抽象，以针对性地进行问题与能力分析，如图 2-14 所示。业务应用区运行具体的生产业务，如各种交易类业务；生产数据库区主要是直接支撑业务应用的各类交易型数据库；大数据区包括大数据的存储、计算和使用，将数据在线或离线收集，抽取生产数据库区的数据，进行数据清洗和加工，形成数据湖、数据中台等；大数据应用区则基于大数据区的数据开发数据类应用。

从数据业务的实践来看，数据安全治理工作存在诸多难点，包括：

❑ 数据资源太多，分类分级和去标识化管理需要大量人工操作；

❑ 数据分类分级后，不同安全级别的数据操作如何实现合规；

❑ 如何厘清数据链路和数据权限间的权责；

❑ 数据加工流转链路中，敏感数据的标识如何保持传播；

❑ 如何应对复杂的应用与数据库、应用之间的数据调用防护；

❑ 如何解决软件架构的安全缺陷和漏洞问题；

❑ 外部数据的合规性管理难题。

这些问题与难点需要在企业的数据安全技术体系建设中着手解决。如图 2-15 所

示，数据安全的基础建设首先围绕数据安全治理域来展开，通过新的安全技术平台来
实现敏感数据发现与分类分级、敏感数据监测、数据平台审计、个人信息去标识化等，
并对数据平台基础层和数据库提供相应的治理能力。企业能够以技术平台为依托，建
立常态化网络安全工作机制，实现安全信息同步 / 预警 / 通报、安全事件应急处置、重
大活动安全保障，形成事前评估预防、事中安全管控、事后分析追责的体系能力，从
而构建起数据安全的综合防护体系。对于企业数据要素流通增值的业务需求，则通过
打造数据安全流通域来实现，这具体将在第 3 章进行阐述。

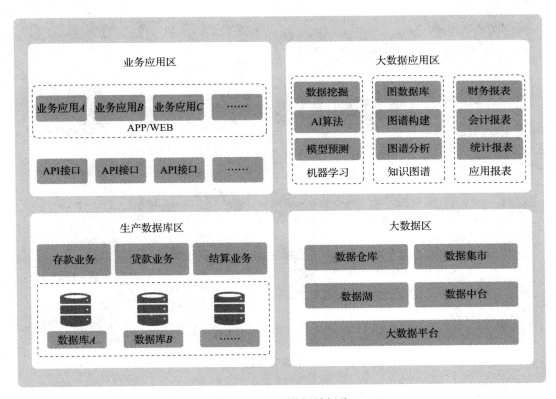

图 2-14　企业数据域划分

2.2.1.1　数据安全治理域

在现有企业技术体系之上，企业可以规划与建设数据安全治理域，从而提供平台
化的数据安全保障能力，并对这些能力按照各个域的安全防护要求进行配置。同时，
企业建设统一的安全防护策略，从而实现跨域的数据安全防护标准，实现对数据在全

生命周期过程中的一致性防护策略。通过数据安全治理域的平台化能力建设，企业可以实现以下可跨域配置的安全保障。

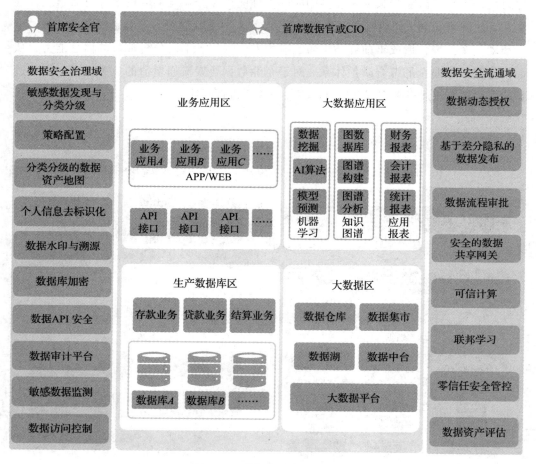

图 2-15 数据安全技术体系

    ❑ 敏感数据发现与分类分级。通过内置的合规知识库，利用敏感数据识别技术全面、快速、准确地发现和定位敏感数据，构建持续更新的敏感数据分类分级目录。在数据血缘管理的支撑下，这些数据的敏感传播也可以被跟踪捕获，从而防止分类分级数据在流转过程中泄露敏感属性。

    ❑ 策略配置。通过对分类分级数据的安全防护策略进行统一配置和全局分发，实现数据在全生命周期中的一致性防护，使得不管是数据是在存储阶段、数据库访问阶段，还是在被 API 服务获取阶段，针对该数据的防护策略都可以得到一致性的执行。

❑ 分类分级的数据资产地图。提供全局的分类分级数据资产可视化地图，为数据安全治理人员提供直观的视图化治理能力。

❑ 个人信息去标识化。在数据使用过程中，提供丰富的去标识化算法，高效实现静态和动态脱敏，帮助数据安全治理人员高效、可靠地完成个人信息去标识化管理。

❑ 数据水印与溯源。提供数据水印与溯源能力，帮助数据安全治理人员高效、可靠地完成提供与公开过程中的数据安全治理。

❑ 数据库加密。通过数据库透明加密功能，可以实现业务无感知的数据库加密防护，有效防止拖库事件发生。

❑ 数据 API 安全。在数据 API 服务中，API 安全网关通过准确的流量监测，动态发现隐匿的敏感数据，及时触发安全告警，帮助安全治理人员及时进行安全治理；同时，提供基于敏感数据感知的安全 API 开发，实现事前的安全防护。

❑ 数据审计平台与敏感数据监测。对各数据域中各类数据访问和管理日志进行统一收集、集中存储和分析，在传统安全审计能力之上结合敏感数据的安全防护策略，并引入大数据人工智能分析技术和算法，实现高危访问行为监测、用户实体异常行为监测、敏感数据实时访问监测等敏感数据监测，降低重大数据发生安全事件的风险，为用户提供处置安全事件的决策依据。

❑ 数据访问控制。提供统一的身份认证和权限管理平台，将认证与权限功能从分散的数据资源服务上剥离出来，集中托管到平台上进行管控，大大方便安全治理人员进行按组织划分的用户管理和权限管理，并与平台审计系统结合实现全面的数据安全审计。

2.2.1.2 生产数据库区的安全技术

生产数据库区的数据是各种企业敏感数据的源头，其数据结构随交易型业务的变化而发生变化，但总体相对稳定，区内数据流动性也较弱，区内敏感数据随着业务持续运行源源不断地产生。生产数据库区的安全能力配置如图 2-16 所示。

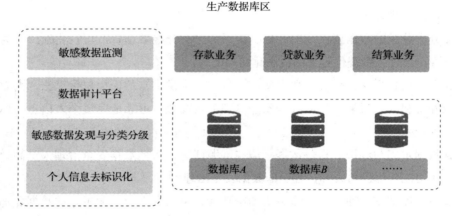

图 2-16　生产数据库区的安全能力配置

　　数据安全从源头抓起，生产数据库区需要通过分类分级对敏感数据进行全面的梳理，以识别源头数据的数据类别和安全级别，当业务造成数据结构变化时，需要及时更新敏感数据。

　　为防止拖库风险，生产数据库区需要考虑对敏感数据实施数据库加密，尤其是对个人信息相关的敏感数据做好去标识化工作，这通常采用密钥管理下的透明加密技术来实施，不需要业务介入加解密和改造过程，能够保证业务的连续性。

　　审计管理和数据监测是生产数据库区必备的安全能力，其在常规数据库审计的基础上，对敏感数据、重要数据做更细粒度的安全监测，从而实现对敏感数据的安全风险发现和事件追溯。

2.2.1.3　大数据区的安全技术

　　大数据区从生产数据库区在线或离线抓取数据，并进行数据清洗及加工处理，其中含有大量敏感数据。其数据结构伴随流批业务变化而发生变化，区内发生频繁的数据流动，并存在大量的数据动态访问。大数据区在对数据完成加工处理后，还需要对组织内外进行数据分发以实现数据价值，这些都给数据安全治理带来重大挑战。因此企业需要在大数据区落实相关的数据安全技术能力，如图 2-17 所示。

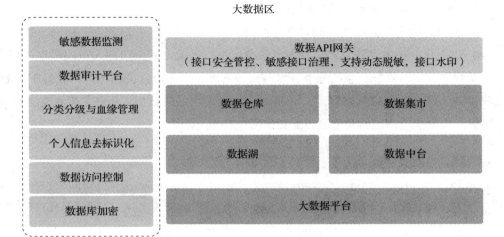

图 2-17 大数据区的安全能力配置

主要包括以下内容。

❑ 敏感数据监测：在基础审计能力之上提供敏感数据粒度的监测能力，及时发现发生的违反数据安全防护策略的事件。

❑ 数据审计平台：大数据平台需要接入数据库安全审计平台，通过分析用户实体的异常行为和高危访问行为，实现安全风险识别和事件追溯。

❑ 分类分级与血缘管理：进入大数据区的数据，首先需要通过分类分级完成敏感数据梳理，以识别数据类别和安全级别，进而实施与安全级别对应的安全防护策略；其次需要通过血缘管理，防止因为敏感数据在大数据区流动，而造成对敏感数据的防护缺失。

❑ 个人信息去标识化：按照最小可用性原则，在保证数据使用阶段业务要求的前提下，在数据提供阶段通过去标识化工具对敏感信息实施脱敏，从而尽量降低数据使用的风险。

❑ 数据访问控制：针对大量数据源的动态访问，需要强化数据权限管理，提供平台化的身份认证和数据访问控制，实现权限管理的统一有序。

❑ 数据库加密：面对大数据区存储的海量数据，防止拖库风险仍然是重中之重。企业通过密钥管理下的数据库透明加密技术来实施大数据区的数据存储层加密，保证业务的连续性。

2.2.1.4 大数据应用区的安全技术

大数据应用区与大数据区的安全特性类似，从大数据区获取数据，面向应用进行 AI/ML 业务开发和报表开发，含有大量敏感数据。因此，安全治理人员同样也需要配置一系列数据安全操作，包括分类分级与血缘管理、个人信息去标识化、数据库加密、权限管理、审计和敏感监测管理，如果通过 API 输出结果数据，则还需要配置 API 安全网关。大数据应用区的安全能力配置如图 2-18 所示。

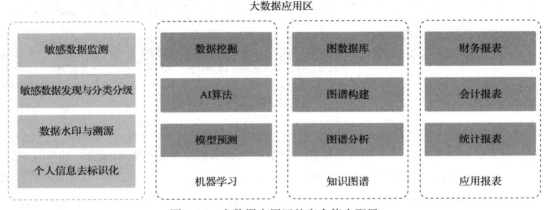

图 2-18　大数据应用区的安全能力配置

综合这几节所述，企业通过构建数据安全治理域，可以面向企业各个数据域实现全局的数据安全防护策略和配置安全防护能力，从而建立可持续运维、持续演进的数据安全技术体系。

2.2.2　保障数据资产安全的关键技术

数据资产是数据流通的主要对象，因此也有比较高的安全合规要求。围绕数据分类分级、个人信息保护、数据供应链和数据出境的合规要求，数据安全治理平台需要提供工具化的技术手段来实现自动化的数据分类分级、个人信息的识别与去标识化、敏感数据的识别与防护等，提供数据水印等技术来实现在数据泄露后溯源，提供统一的访问控制平台来保证用户权限的按需赋予。此外，基于大数据分析技术的审计和监测系统，能够让数据资产在动态流动中也受到有效的监督。根据"事前评估预防、事中安全管控、事后管理追责"的管理体系（5.2 节将详细介绍），这些技术的落地应用如表 2-8 所示。

表 2-8　主要安全技术的应用阶段

关键技术	应用阶段	应用场景
分类分级管理	事前	对收集的数据进行分类分级处理，从而在数据处理过程中实施相应保护；对将进入流通市场的数据进行分类分级处理，从而确定流通保护措施；数据生命周期其他阶段根据需要进行分类分级的补偿处理，数据安全治理始终以分类分级为基础
个人信息去标识化	事前	在业务使用数据前对数据进行去标识化处理，满足最小可用性原则
敏感数据防护	事前 + 事中	在数据使用、加工阶段，通过配置统一的防护策略、跟踪敏感数据和动态防护手段，实现对敏感数据的全局动态防护
数据水印与溯源	事前 + 事后	在数据提供阶段，利用水印技术向数据中嵌入数据使用方的信息，事后可通过水印信息追溯数据使用方
数据 API 安全	事中	在数据 API 的访问过程中，实现 API 安全技术动态防护，包括敏感数据扫描、动态脱敏、动态水印等
数据审计平台	事中 + 事后	在数据全生命周期中，收集日志，实现数据审计
数据安全监测	事中 + 事后	在数据全生命周期中，跟踪分类分级数据的访问与安全防护执行情况，实现数据安全监测
访问控制技术	事前 + 事中	在数据全生命周期中，实现统一的身份认证和访问控制

2.2.2.1　数据的分类分级治理

在企业的分类分级治理实践中，人工的分类分级难以支撑分类分级基础业务的开展。首先，人工分类分级的效率无法匹配企业海量数据的产生、加工与流转过程，且容易引入人工错误；其次，在数据进入流通市场前，依靠人工检查数据合规情况，无法使数据安全高效地进入交易市场，也无法在安全合规业务中快速完成对敏感数据的识别。因此，利用相关工具实现程序化的数据分类分级，并与人工分类分级和审核相结合，可以大大提升数据的分类分级效率和准确性，流程见图 2-19。

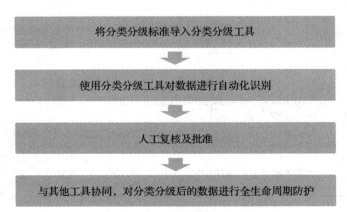

图 2-19　基于分类分级工具的数据分类分级流程

　　基于分类分级工具的数据分类分级需要将国家法律法规、地方及行业规范标准以及企业根据数据安全治理要求最终确定的分类分级标准导入工具中，从而实现自动化。图 2-20 给出了一个示例，将《金融数据安全 数据安全分级指南》中的分类分级标准导入分类分级工具，并为敏感数据配置识别规则、默认防护策略和算法，金融企业就能够根据该指南对内部数据做分类分级。在该示例中，识别规则将利用分类分级工具对敏感数据进行自动化识别，默认防护策略包括脱敏、直接访问、拒绝访问等，默认防护算法则给出具体的算法。

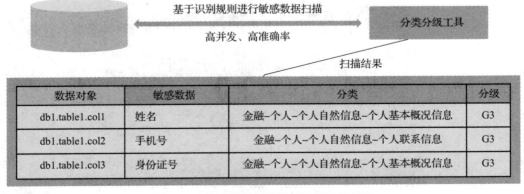

图 2-20　将指南中的标准导入分类分级工具

　　分类分级工具基于分类分级的识别规则对数据进行自动化并发扫描，发现符合规则的敏感数据，完成分类分级识别。如图 2-21 所示，分类分级工具完成扫描后发现了敏感数据。

基于识别规则进行敏感数据扫描

高并发、高准确率　　　　　　　分类分级工具

扫描结果

数据对象	敏感数据	分类	分级
db1.table1.col1	姓名	金融–个人–个人自然信息–个人基本概况信息	G3
db1.table1.col2	手机号	金融–个人–个人自然信息–个人联系信息	G3
db1.table1.col3	身份证号	金融–个人–个人自然信息–个人基本概况信息	G3

图 2-21　分类分级工具进行敏感数据扫描

对扫描发现的敏感数据进行人工的分类分级审核，包括对防护策略的确认和调整，完成数据的分类分级工作，示例见图 2-22，完成审核后的敏感数据对象将被配置防护策略和防护算法。

数据对象	敏感数据	分类	分级
db1.table1.col1	姓名	金融–个人–个人自然信息–个人基本概况信息	G3
db1.table1.col2	手机号	金融–个人–个人自然信息–个人联系信息	G3
db1.table1.col3	身份证号	金融–个人–个人自然信息–个人基本概况信息	G3

人工审核　　分类分级工具

数据对象	敏感数据	分类	分级	防护策略	防护算法
db1.table1.col1	姓名	金融–个人–个人自然信息–个人基本概况信息	G3	脱敏	mask
db1.table1.col2	手机号	金融–个人–个人自然信息–个人联系信息	G3	脱敏	mask
db1.table1.col3	身份证号	金融–个人–个人自然信息–个人基本概况信息	G3	脱敏	mask

图 2-22　分类分级工具的人工审核功能

在完成数据的分类分级后，企业确定了相应的数据防护策略，配套其他工具即可对敏感数据实施全生命周期的防护，包括跟踪敏感数据的传播，在各个服务中实施具体防护，以及全程的安全审计与监测。具体内容将在后续的关键技术中进行介绍。

除了在收集阶段使用分类分级工具进行分类分级工作外，在数据产品流入市场前即数据公开前、安全合规报告场景以及专项数据检查等场合，同样可以应用分类分级工具高效、准确地对数据进行合规扫描，以避免人工处理的低效性和不准确性。

2.2.2.2　个人信息去标识化技术

对个人敏感信息的去标识化是一项基础数据安全业务，面对海量数据的去标识化处理，依靠人工无法有效完成，需要借助去标识化工具，基于各种去标识化的脱敏算法与模型来准确、高效地展开。

（1）脱敏算法与脱敏对象

去标识化工具首先需要包括丰富的脱敏算法或模型，以满足各类敏感信息在不同安全场景下的脱敏处理要求，表 2-9 是《信息安全技术　个人信息去标识化指南》中定义的常见敏感信息和建议的脱敏算法。

表 2-9 常见数据类型的脱敏算法

脱敏对象	脱敏算法
姓名	• 泛化编码。使用概括、抽象的符号来代替原名，如使用"张先生"来代替"张三"，或使用"张某某"来代替"张三"。这种方法用在需要保留"姓"这一基本特征的应用场景 • 抑制屏蔽。直接删除姓名或使用统一的"*"来代替原名，如所有的姓名都使用"***"代替 • 随机替代。使用随机生成的汉字来代替原名，如使用随机生成的"辰筹猎"来代替"张三丰" • 假名化。构建常用人名字典表，并从中选择一个来代替原名，如构建的常用人名字典表包括龚小虹、黄益洪、龙家锐、……等，假名化时从中按照顺序或随机选择一个人名代替原名。如使用"龚小虹"代替"张三丰"。这种方法可用在需要保持姓名数据可逆变换的场景 • 可逆编码。采用密码或其他变换技术，将姓名转变成其他的字符，并保持可逆特性。如使用密码和字符编码技术，使用"SGIHLIKHJ"代替"张三丰"，或使用"Fzf"代替"Bob"
身份证号	• 抑制屏蔽。直接删除身份证号或使用统一的"*"来代替原身份证号。如所有的身份证号都使用"******"代替 • 部分屏蔽。屏蔽身份证号中的一部分，以保护个人信息。如"440524188001010014"可以使用"440524********0014""440524188*****0014"或"******188*********"代替，上述数据可分别用在需要保密出生日期、保密出生日期但允许对数据按年代做统计分析、保密所有信息但允许对出生日期按年代做统计分析等场景 • 可逆编码。采用密码或其他变换技术，将身份证号转变成其他的字符，并保持可逆特性。如使用密码和字符编码技术，使用"SF39F83"代替"440524188001010014" • 数据合成。采用重新产生的数据代替原身份证号，如使用数据集中记录的顺序号替代原身份证号，或随机产生符合身份证号编码规则的新身份证号代替原身份证号
银行卡号	• 抑制屏蔽。直接删除银行卡号或使用统一的"*"来代替原银行卡号。如所有的银行卡号都使用"*****"代替 • 部分屏蔽。屏蔽银行卡号中的一部分，以保护卡号信息。如屏蔽银行卡号中的发卡机构标识代码或自定义位 • 可逆编码。采用密码或其他变换技术，将银行卡号转变成其他的字符，并保持可逆特性。如使用密码和字符编码技术。这种方法适用于使用银行卡号作为数据库主键的应用场景 • 数据合成。采用重新产生的数据代替原银行卡号，如使用随机产生符合身份证号编码规则的新银行卡号代替原银行卡号，这种场景适应于对银行卡号做合法性校验的应用场景
地址	• 泛化编码。使用概括、抽象的符号来代替原地址，如"江西省吉安市安福县"使用"南方某地"或"J省"来代替 • 抑制屏蔽。直接删除地址或使用统一的"*"来表示。如所有的地址都使用"******"代替 • 部分屏蔽。屏蔽地址中的一部分，以保护地址信息。如使用"江西省XX市XX县"来代替"江西省吉安市安福县" • 数据合成。采用重新产生的数据代替原地址，数据产生方法可以采用确定性方法或随机性方法。如使用"黑龙江省鸡西市特铁县北京路23号"代替"江西省吉安市安福县安平路1号"
电话号码	• 抑制屏蔽。直接删除电话号码或使用统一的"*"来代替原电话号码。如所有的电话号码都使用"000000"代替 • 部分屏蔽。屏蔽电话号码中的一部分，以保护号码信息。如"19888888888"可以使用"198*********""198****8888"或"*******8888"代替 • 随机代替。使用随机生成的一串数字来代替原电话号码，如使用随机生成的"2346544580"来代替"19888888888" • 可逆编码。采用密码或其他变换技术，将电话号码转变成其他的字符，并保持可逆特性。如使用密码和字符编码技术，使用"15458982684"代替"19888888888"

（续）

脱敏对象	脱敏算法
数值	• 泛化编码。使用概括、抽象的符号来代替原数值，如用"有 4 个人，他们分别有蓝色、绿色和浅褐色的眼睛"来代替"有 1 个人是蓝色的眼睛，2 个人是绿色的眼睛，1 个人是浅褐色的眼睛" • 抑制屏蔽。直接删除数值或使用统一的"*"来代替原数值。如所有的数值都使用"******"代替 • 顶层和底层编码。将大于或小于某特定值的所有数值处理成一个固定值。如年龄超过 70 岁的一律用"大于 70 岁"代替 • 部分屏蔽。使用数值的高位部分代替原数值，如百分制考试成绩全部使用去掉个位数、保留十位数的数值代替 • 记录交换。使用数据集中其他记录的相应数值代替本记录的数值。如设定规则，将数据集中的所有的身高数据取出并打乱位置后（其他属性数据位置不变）放回原数据集中。这种方法可以保持数据集的统计特性不变 • 噪声添加。产生微小的随机数，将其加到原始数值上并代替原数值。如对于身高 1.72m，产生随机数值 −0.11m，将其加到原始数值上得到 1.61m • 数据合成。采用重新产生的数值替代原数值，数据产生方法可以采用确定性方法或随机性方法。如使用"19"岁代替"45"岁
日期	• 泛化编码。使用概括、抽象的日期来代替原日期，如使用"1880 年"代替"1880 年 1 月 1 日" • 抑制屏蔽。直接删除日期或使用统一的"*"来代替原日期。如所有的日期都使用"某年某日"代替 • 部分屏蔽。屏蔽日期中的一部分，如用"1880 年某月 1 日"代替"1880 年 1 月 1 日" • 记录交换。使用数据集中其他记录的相应数值代替本记录的数值。如设定规则，将数据集中的所有的日期数据取出并打乱位置后（其他属性数据位置不变）放回原数据集中。这种方法可以保持数据集的统计特性不变 • 噪声添加。产生微小的随机数，将其加到原日期上并代替原日期。如对于出生日期 1880 年 1 月 1 日，产生随数值 32 天，将其加到原日期得到 1880 年 2 月 2 日 • 数据合成。采用重新产生的日期代替原日期，如使用"1972 年 8 月 12 日"代替"1880 年 1 月 1 日"
地理位置	• 地理数据在数据集中的表现形式多种多样，可以是地图坐标（如 39.1351966，−77.2164013），街道地址（如清华园 1 号）或邮编（100084）。地理位置可以通过地理数据推断出来，也可能隐藏在文本数据中。 • 有的地理位置是不可标识的（如一个拥挤的火车站），也有的地理位置是高度可标识的（如一个单身汉居住的房子）。单独的地址可能并不可标识，但是如果将它与个人相关联则会成为可标识的信息 • 对地理位置信息进行去标识化，采用的噪声值很大程度上取决于外界因素。如在中心区通过加减 100m，在偏远地区通过加减 5km 来得到充足的模糊化结果；或基于行政区划进行泛化，如将"清华园 1 号"泛化为"北京市"，以保障此范围内的人数多于 20 000 人 • 添加噪声时也要考虑噪声对数据真实性的影响。例如，将一个居民的沿海住所搬迁到内陆甚至跨政治领域范畴的另一个国家，这种方式有时是不可取的 • 在一个个体的地理位置信息被持续记录的情况下，对于地理数据信息的去标识化将会变得尤其有挑战性。这是因为事件地点的特征记录就像人的指纹一样，有利于重标识，即使是很少量的数据记录也能达到这样的效果

来源：《信息安全技术 个人信息去标识化指南》

（2）静态脱敏服务

去标识化工具需要提供基础的脱敏服务即静态脱敏，如图 2-23 所示。一般是在数据提供阶段，将数据从初始环境中抽取并完成脱敏处理，然后将脱敏数据提供给测试、开发、培训、数据分析等业务场景使用。在静态脱敏处理中，初始数据的敏感信息经过屏蔽、变形、替换、加密、泛化、取整、加噪等多种脱敏算法处理后，不同类型的数据发生数据扰乱，从而通过一定程度的数据内容改变实现敏感信息的去除。

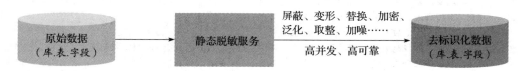

图 2-23　静态脱敏服务

静态脱敏看似简单直接，但下面两点需要注意。

1）数据脱敏不等同于去标识化

脱敏处理的目的是进行敏感信息去标识化，然而脱敏后的数据在某些场景和手段下可被部分或全部还原即发生重标识化，从而不能达成去标识化目标。首先，可逆计算可以通过反向计算还原敏感数据，但通常我们不会采用可逆计算来进行数据脱敏操作，我们面对的是其他可能容易忽视的重标识方法，如表 2-10 所示。

表 2-10　重标识方法

方法	描述	举例
分离	将属于同一个人信息主体的所有记录提取出来	在聚合数据中，通过分析新增数据对聚合数据的扰动，可以分离出新增数据
关联	将不同数据集中关于相同个人信息主体的信息联系起来	一方数据中对身份证号和出生日期做了屏蔽，但在另一方数据中存在显式的生日信息，在两方数据可关联的情况下，就可以还原身份证号
推断	通过其他属性的值以一定概率判断一个属性的值	某班级中只有一个男生，那么通过性别就可以确定是这个男生的个人信息

来源：《信息安全技术　个人信息去标识化指南》

不同数据流通方式也会带来不同的重标识可能性，如果数据需求方是在数据提供方提供的可信计算环境内使用数据，则重标识化的可能性比较低；但如果数据需求方在自身的计算环境中使用数据，则由于其可以通过已有相关数据进行关联和推断等操作，因此数据被重标识化的风险较高。

所以，个人信息去标识化工具需要在脱敏服务的基础上提供去标识化评估能力，帮助数据安全治理人员正确选择脱敏算法、评估脱敏后的去标识化效果，如图 2-24 所示。同时，数据治理人员仍需要做好脱敏后数据的维护和使用跟踪工作。

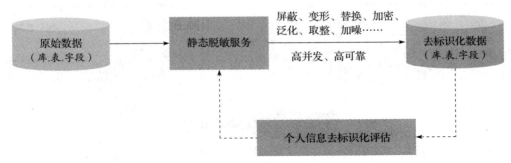

图 2-24 提供个人信息去标识化评估

2）静态脱敏只能应用于离线场景

静态脱敏需要运营 / 运维人员提前规划数据存储资源，预先进行相对耗时的离线脱敏操作，同时脱敏后数据由于存在 $T+n$ 的延时而不能用于在线分析场景。这对生产中的实际数据使用带来很大限制，既消耗存储资源，又无法应对在线场景，我们需要找到其他脱敏方法来解决。

（3）动态脱敏服务

动态脱敏服务提供的脱敏算法与静态脱敏基本相同，区别在于脱敏过程不脱离在线生产环境，是在数据的在线访问过程中对敏感数据进行实时脱敏，把脱敏后数据返回给数据需求方，数据资源服务中的原始数据不发生变化。其功能性描述如图 2-25 所示。

数据动态脱敏可应用于大多数日常数据生产环境，实现在线数据业务的连续性，也不额外消耗存储资源。同时，动态脱敏

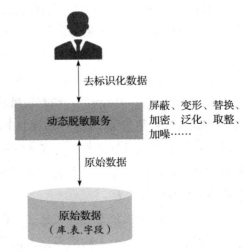

图 2-25 动态脱敏服务

服务可以与敏感数据防护策略协同，实现 DevSecOps 的数据安全治理模式，为数据安全的运维人员提供十分友好的治理方式。

在具体建设中，如图 2-26 所示，企业需要对数据服务侧，如数据库、API 网关进行改造，业务侧则保持平滑；或者以中间件的方式对业务侧和服务侧进行双边改造。

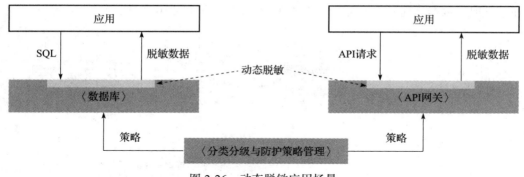

图 2-26　动态脱敏应用场景

动态脱敏主要有数据库动态脱敏与 API 网关动态脱敏两种应用。

1）数据库动态脱敏

对于 SQL 访问场景，数据库引擎首先完成 SQL 语法解析，根据语法树获得要访问的数据对象，包括库、表、字段信息以及对应的访问操作。然后数据库引擎查询该数据对象的安全防护策略，根据匹配到的策略进行对应的 SQL 改写，如果策略要求对该数据对象的内容进行脱敏，则在 SQL 中对该数据对象的查询语句处都加上脱敏算法。最后数据库引擎将脱敏后的结果集返回给调用方，完成整个数据库动态脱敏过程。在 2.2.3.5 节中将具体介绍此内容。

2）API 网关动态脱敏

对于 API 网关访问场景，动态脱敏功能可以根据 API 输入或输出参数、API 调用者等信息，进行防护策略的匹配。API 网关按照匹配到的策略要求，对 API 结果数据流进行数据改写或抑制动作，完成 API 网关动态脱敏过程。通常 API 网关服务还具备检查敏感数据流量的能力，具备动态脱敏场景下数据安全所需的更丰富能力。2.2.2.5 节中将具体介绍此内容。

综上，通过个人信息去标识化工具提供的关键技术，包括面向个人信息的脱敏算法、静态脱敏服务及个人信息去标识化评估，可以帮助数据安全治理人员高效、专业地完成去标识化工作。同时，新兴的动态脱敏服务可以为数据安全治理人员提供更灵活的去标识化手段。

2.2.2.3　敏感数据防护技术

通过对数据进行敏感数据识别与分类分级，企业完成了数据资产安全防护的前置工作，但在实施具体的针对性防护时仍然面临难题。由于大数据平台的数据库设施众多，数据源及库.表.字段文件繁杂，且敏感数据在数据加工分析过程中可能发生动态流转，在人工处理情况下难以保证敏感数据的分类分级信息在全局不丢失，因此很难实施全局一致的安全防护策略。敏感数据防护技术的建设，既需要对敏感数据进行追踪，又需要通过敏感数据安全防护策略的全局实施，实现敏感数据的全局可见性和全局性防护。建设敏感数据防护技术包括以下主要工作。

（1）分类分级与配置安全防护策略

面对企业规模庞大且动态变化的数据，基于人工的敏感资产盘点具有人力投入巨大，且容易产生疏漏、前后不一致等问题。通常在收集数据后，对数据集进行敏感数据识别操作，包括分类分级和配置安全防护策略，从而在生命周期起始点处尽早发现敏感数据并实施防护。图 2-27 为完成分类分级和安全防护策略配置的数据示例，基于国家相关数据安全法律法规和行业分类分级的规范标准，为分类分级后的数据配置默认安全防护策略，管理员可以在审核中或后续管理中对安全防护策略进行调整。

数据对象	敏感数据	分类	分级	安全防护策略	防护算法
db1.table1.col1	姓名	金融–个人–个人自然信息–个人基本概况信息	G3	脱敏	mask
db1.table1.col2	手机号	金融–个人–个人自然信息–个人联系信息	G3	脱敏	mask
db1.table1.col3	身份证号	金融–个人–个人自然信息–个人基本概况信息	G3	脱敏	mask

图 2-27　完成分类分级与安全防护策略配置的数据

在经过分类分级的数据的全生命周期中，大数据平台将按照图 2-28 所示的策略对其实施防护和监测。

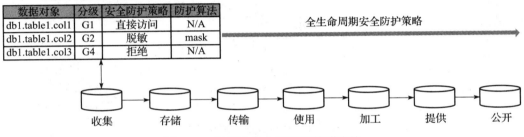

图 2-28　数据全生命周期的策略防护

（2）追踪敏感数据

在数据加工阶段，敏感数据具备传播性，如原始表中的敏感数据经过未脱敏的加工处理而传播到下游库表，如图 2-29 中数据库 db1 的 user_1 表中的 pid 字段，经加工处理后流转到 db2.user2.pid 字段和 db3.user_3.pid 字段。这个过程通常称为数据的血缘传播。假设 pid 是一个敏感数据，那么在血缘传播过程中，pid 可能会失去安全防护策略的保护。

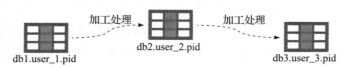

图 2-29　数据的血缘传播

为防止敏感数据的丢失，可以通过血缘管理工具追踪数据血缘，获得敏感数据的传播链路。在图 2-30 中，通过血缘管理工具发现并追加了因血缘传播而产生的敏感数据 db2.user_2.pid 和 db3.user_3.pid，并且通过继承源头敏感数据 db1.user_1.pid 的安全防护策略，对所有敏感数据实施一致的安全防护策略。

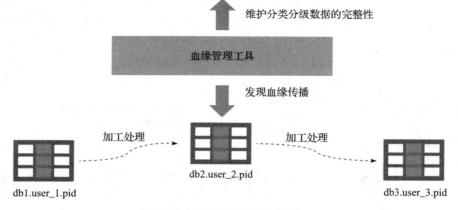

图 2-30　敏感数据识别与追踪

（3）管理与分发安全防护策略

安全防护策略管理中心将分类分级信息及已配置的安全防护策略下发至数据资源服务节点、数据共享网关和数据流通平台等提供数据访问的服务节点，由这些节点实现具体的防护动作，如脱敏、水印、抑制等，因此可以实现全局一致的数据安全防护。数据安全监测中心也可以通过对数据访问日志的动态分析，发现违反安全防护策略的风险事件。

如图 2-31 所示，安全防护策略管理中心在对数据进行分类分级标识化及安全防护策略配置后，将相关防护信息同步到大数据平台中的各资源服务和监测中心，实现敏感数据的自动化识别与追踪、安全防护策略的自动化全局下发，并可以根据监测中心的监控信息，实现必要及快速的全局防护反应。其中，策略库依赖于高性能、分布式的数据库设施，实现全局安全防护策略的快速下发、可靠存储。

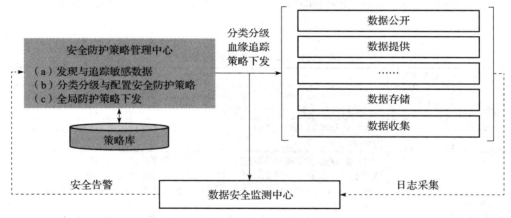

图 2-31　安全防护策略的管理与分发

2.2.2.4　数据水印与溯源

在企业数据的内外分发场景下，为了实现数据泄露后的可追溯，企业可以为分发数据打上水印标记来标识分发当时的相关信息，如数据提供方、数据需求方、分发时间等。当发生数据泄露时，在获得泄露数据的情况下，可以通过解析出的水印获取分发信息，从而实现追溯。图 2-32 展示了水印服务的基本原理。

企业可以建设数据水印服务中心，在 API 服务分发数据前或直接数据集分发前，对数据库数据、JSON 数据实施水印操作，完善数据分发的事后防护能力。

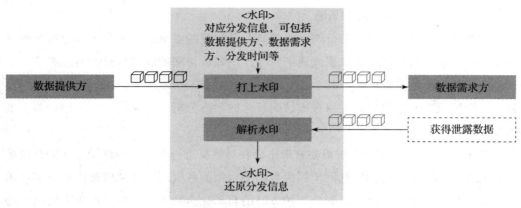

图 2-32　水印服务的基本原理

（1）水印算法

数据水印算法是实现水印服务的核心，表 2-11 从业务视角来直观展示常见的数据水印算法。

表 2-11　常见的数据水印算法

分类	水印算法	说明
新增行列植入水印	伪行	通过添加人为生成的若干整行信息，并从中挑选某些字段植入水印信息，在数据的行数较大时，伪行仿真性好
	伪列	人为构造增加一列，并在其中植入水印的伪列水印，列数较多时，伪列方式仿真性较好
原始行列植入水印	失真水印	对原始数据字段按照算法进行一定程度的隐蔽修改，例如修改数值型数据的最后 1 位、添加不可见字符等，来实现失真性水印植入。这种方式在植入字段选择合适的情况下，仿真性良好，但由于数据的失真，对精细场景下的数据可用性有一定影响
	脱敏水印	在对原始数据的敏感字段进行脱敏处理的同时，通过算法规则在脱敏字段中植入水印信息。这种方式对原始数据的破坏性较小，因脱敏处理本身已对数据进行修改，但用户可能因为脱敏字段无可用价值而直接将脱敏字段删除，造成算法失效
非植入	零水印	不修改原始数据，通过哈希排序等算法来实现零水印。这种方式的仿真性和数据可用性最好，但鲁棒性存在弱点

在实际使用中，需要根据业务场景、数据特征合理地选择水印算法，其中主要需要考量以下两点。

❑ 仿真性。保证植入数据水印的仿真性，数据水印尽可能真实地体现原始数据的特征，如数据格式、类型、长度、大小、唯一性等，不破坏原有数据的可读性和可用性，不易被识别。

❑ 鲁棒性。保证数据中水印的有效性，当包含水印的数据泄露时，可追溯该数据
的内容。数据需求方通常会对数据进行加工处理，数据的内容可能会发生变化，
因此需要保证水印不会因为数据的某种改动而丢失，在发生一定数据污染的情
况下，水印仍能保持完整性或仍能被准确鉴别。同时，当获得泄露的数据时，
它未必是原先的完整数据集，从不完整的数据集中准确提取原始水印也是水印
技术的基本能力要求。

（2）水印工具的能力

提供水印服务的工具除了要具备常用的算法能力之外，还要能从业务使用的角度
提供完整的管理能力。如图 2-33 所示，水印工具需要提供原始数据信息，如字段信
息、数据类型、数据规模和数据差异性特征等以协助数据安全治理人员选择合理的水
印算法；需要提供高效可靠的任务处理能力，实现水印处理过程的高性能和可管理性；
在追溯环节，需要在数据发生一定污染或不完整的情况下，尽可能甄别水印实体，识
别水印算法，实现水印信息的有效提取。

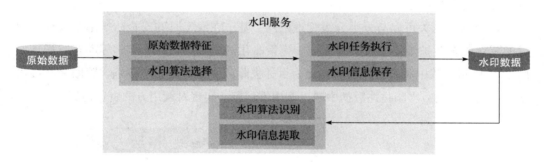

图 2-33　水印工具的能力

2.2.2.5　数据 API 安全技术

随着企业数据业务的规模化发展，API 服务规模也快速增长，数据平台治理者为
此承担越来越大的安全责任压力。而 API 网关是提供 API 开发、发布、管理、调用和
监控等 API 全生命周期服务的关键设备，在围绕数据的安全治理中发挥着重要作用。

常规 API 网关提供的 API 服务缺乏对安全的管控能力，尤其是不具备对敏感数据
的识别能力。敏感数据在经过大数据平台的全流程处理后，敏感数据的标识可能因为
加工处理和传播过程而隐匿。如图 2-34 所示，缺乏敏感数据感知能力的 API 服务在进
行 API 发布审批和提供服务的过程中，面对数据黑盒而不能做到有效防护。同时，由
于缺乏追溯能力，因此对于敏感数据泄露事件没有追责手段。

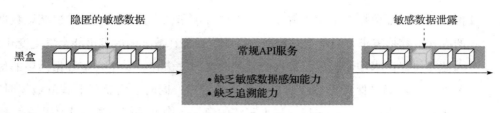

图 2-34 常规 API 服务的安全能力不足

安全 API 网关是一种新型的内置数据感知和防护手段的 API 数据服务网关，通过在 API 服务环节增加敏感数据检查和动态脱敏等项目，帮助企业完善 API 服务的安全能力，因此其需要提供一系列重要的安全功能，包括并不限于以下几方面。

（1）分类分级数据的在线检测

基于各种模式匹配算法，安全 API 网关可以从 API 数据流中在线识别出符合分类分级规则的隐匿敏感数据，并根据接口调用信息，如调用方用户、IP 等，将数据泄露行为实时上报并进行在线干预，从而帮助安全治理人员对 API 服务实现动态安全管控。

（2）动态脱敏与动态水印

安全 API 网关可以与分类分级管理协同，基于在线实时的安全防护策略或预先配置的默认安全防护策略，对敏感数据实施策略化的脱敏、阻断和水印等动态防护，如图 2-35 所示。其中脱敏是以去标识化为目标去除或降低数据安全级别，阻断是直接禁止访问相关数据，水印是往数据中嵌入调用方信息，实现对调用方的责任追溯。

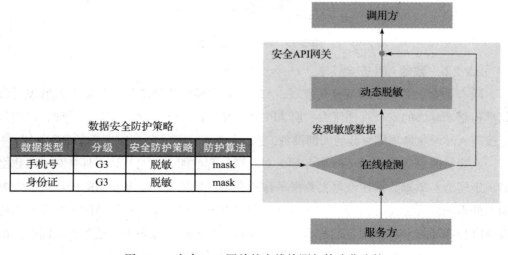

图 2-35 安全 API 网关的在线检测与策略化防护

（3）API 安全开发

通过在开发和发布 API 阶段做敏感数据检查，还可以实现事前的敏感数据安全防护。对于包含敏感数据的 API 的开发，安全治理人员可以提前发现并基于用户配置的安全防护策略，包括是否允许发布、用户是否可以访问并拥有哪些访问权限、敏感数据是否需要脱敏及如何脱敏、是否添加动态水印等做出决策。

（4）对存量 API 的纳管

对于安全性不明确的存量 API，也可以通过安全 API 网关的纳管能力来增强防护。安全 API 网关可以纳管存量 API 并进行流量探测，帮助安全治理员发现 API 中是否存在敏感数据，从而进行相应的接口治理。在图 2-36 中，安全 API 网关接替原有 API 网关的对外服务接入原有 API 网关，对收到的 API 进行动态路由，属于原有 API 网关的存量 API 通过流量探测模块后与原有 API 网关对接，从而可以发现存量 API 中是否包含敏感数据。对存量 API 的纳管特别适用于安全 API 网关与原有 API 网关的集成加固场景，实现渐进性建设的阶段安全防护。

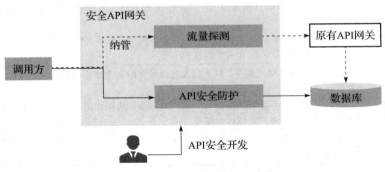

图 2-36　第三方数据 API 纳管

（5）API 血缘管理

API 与数据一样具备传播性，原始 API 经过再开发可以将其包含敏感数据的出参传播到下游 API。安全 API 网关可以实现对 API 血缘传播的追踪，帮助安全治理人员在 API 环节实现更完整的敏感数据可见性并实施一致的安全防护策略。

（6）围绕数据的鉴权管理

作为安全网关，对调用方的鉴权管理是必不可少的。在围绕数据安全的场景下，鉴权管理还可以与分类分级管理协同，提供基于调用方身份的以分类分级数据为粒度的访问控制，不同调用方对 API 接口数据的访问强度不同，同时支持黑白名单、流量控制等其他基础安全服务。

2.2.2.6　数据安全审计技术

统计结果显示，在所有信息安全事件中，只有20%～30%是黑客入侵或其他外部原因造成的，70%～80%是由于内部员工的疏忽或有意泄密。围绕人的数据安全治理，是信息安全技术和产品的重要建设目标。而数据库与大数据平台审计，就是采集用户对数据库与大数据平台的登录、数据访问和管理等行为日志，对这些日志进行整理和基于规则、模型的行为分析，从而发现可能存在的安全风险并触发进一步的告警等处置措施，同时审计系统提供对日志的存储、查询等管理服务。

在《信息安全技术　网络安全等级保护基本要求》中，明确把大数据纳入了等级保护对象范围，并对安全审计提出了若干要求，如表2-12所示。

表2-12　《信息安全技术　网络安全等级保护基本要求》中的一些安全审计要求

审计要求	内容
安全审计 （8.1.4.3）	● 应启用安全审计功能，审计覆盖到每个用户，对重要的用户行为和重要安全事件进行审计 ● 审计记录应包括事件的日期和时间、用户、事件类型、事件是否成功及其他与审计相关的信息 ● 应对审计记录进行保护，定期备份，避免受到未预期的删除、修改或覆盖等 ● 应对审计进程进行保护，防止未经授权的中断
审计管理 （8.1.5.2）	● 应对审计管理员进行身份鉴别，只允许其通过特定的命令或操作界面进行安全审计操作，并对这些操作进行审计 ● 应通过审计管理员对审计记录应进行分析，并根据分析结果进行处理，包括根据安全审计策略对审计记录进行存储、管理和查询等
集中管控 （8.1.5.4）	● 应对分散在各个设备上的审计数据进行收集汇总和集中分析，并保证审计记录的留存时间符合法律法规要求

从实践来说，数据库与大数据平台安全审计工作主要面向以下可能的安全风险场景。

（1）众多数据源的繁杂操作带来的管理漏洞

数据平台层的系统复杂，涉及数据存储和访问的组件和应用众多，同时，海量数据在这些组件间还存在加工与传播，数据难以跟踪辨识。用户在数据平台层，对这些数据源可能存在的操作行为涉及查询、修改和下载等，这些操作期间可能发生各种主观恶意访问及越权访问，或因安全意识淡薄而发生高危访问。若缺乏集中的基于规则及模型的审计系统，则会因存在风险的数据访问行为难以被全面采集而产生采集漏洞，也会因为这些行为未被准确和高效识别而产生发现漏洞，进而缺乏可管理的查询和追溯能力。

（2）用户权限和账户管理问题

随着数据库及大数据平台的持续运行，在权限管理方面的熵增是在所难免的。管理员进行授权操作时的不合规行为，如权限放大、临时授权未及时回收、账户共用和权限错配等会给系统运行埋下各种数据安全风险。此外，攻击者也会直接通过盗用账户或利用账户泄露进行各种违规操作。所以，需要建设针对权限风险的审计能力来及时发现授权和权限使用中的问题。

（3）不合规的 SQL 操作

SQL 作为数据库及大数据平台普遍使用的数据访问语言，在技术层面，其语句不合规会导致数据库运行不稳定，产生性能下降、大量死锁等问题，严重的会导致服务器死机，而直接造成生产事故；通过 SQL 注入，攻击者可以非法获取数据、恶意删除数据等，因此防范 SQL 注入也是安全审计系统的必备能力。

如图 2-37 所示，数据库及大数据平台安全审计系统通常包含以下模块，并实现以下功能。

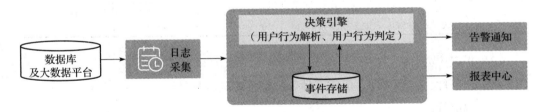

图 2-37 数据审计系统的架构

（1）日志采集

日志采集模块通常采用采集审计日志或者镜像网关流量的技术。前者需要在每个服务节点上都部署日志采集器，输出监控审计日志，并将日志采集到监测系统。后者通过在网关上部署代理，将其流量镜像到监测系统。

（2）告警通知

通过决策引擎，基于规则匹配等技术对用户异常行为、数据库高危操作、SQL 注入、SQL 违规、权限操作等进行告警（一些常见的安全审计告警见表 2-13），并支持以邮件、企业微信的方式通知干系人。

表 2-13　一些常见的安全审计告警

告警类别	说明	举例
用户异常行为	用户操作行为出现异常，与历史行为轨迹存在背离。可能的原因是账户被盗用，或者账户出借。该行为往往会导致数据泄露，数据误删	• 同一个 IP 在 10 分钟内查询操作失败次数大于 N • 用户一段时间内 Select 操作次数与智能基线的偏离度大于 λ • 用户 IP 不在常用列表 IP 中
数据库高危操作	对数据库的高风险操作，比如：删库删表，可能会导致数据丢失、数据不一致；大数据量的插入和更新可能引发大事务、死锁等问题，严重时会影响业务的正常运行	• 删库操作：drop database xxxx • 删表操作：drop table xxx • 非特定用户或机器 1 小时内单表更新操作（OP = update）的次数大于 N 次
口令嗅探	恶意的嗅探口令使用不同的用户名密码组合，来通过数据库认证系统，从而盗取数据	• 在 10 分钟内，同一账户的尝试登录次数大于 N，且成功率小于 80%
权限操作	数据库权限使用不当，可能会导致数据泄露，数据误删等事故，同时过高的权限也会引入恶意删库的风险	• 赋予过高权限：grant user ALL Priviledges ... • grant user on *.*
数据下载	不合规的数据导出会导致数据泄露，尤其是敏感数据的导出	• 可疑 IP 登录后，出现数据下载操作，且下载量大于 100
SQL 违规	不合规的 SQL 语句会导致数据库不稳定、性能下降、发生死锁等，往往会影响生产业务的正常运作	• 直接使用 update 语句，没有 where 条件
SQL 注入	SQL 注入会导致数据泄露，它通过特殊样式的 SQL 获取数据库元信息	• 联合查询注入，不在白名单中的 IP，T 时间内执行 union select 的次数大于 N 次

（3）报表中心

对操作事件、告警事件、泄敏事件等进行报表展示与分析。

（4）权限管理

设置不同的角色，包含但不限于系统管理员、审计管理员、审计人员等，对审计日志的操作和告警规则的管理等进行权限管控。

2.2.2.7　数据安全监测技术

在上一节，我们对安全审计做了相对系统的介绍，主要通过采集用户访问日志，进行各种规则和模型的匹配分析，来发现用户的危险访问行为，进而触发告警等操作。

安全审计主要面向针对比较粗粒度的数据对象的访问，如数据库对象，并不会深入到数据属性的粒度，因而不具备对分类分级数据的安全监测能力，如：审计工具无法感知针对分类分级数据的访问、不检查是否在按照安全防护策略保护敏感数据、不检查是否有违反敏感数据安全防护策略的事件发生等。这样，即使建立了以数据分类分级为基础的安全防护基础设施，也会因缺乏围绕分类分级数据的安全监测能力，导致安全治理体系仍然存在漏洞。

因此，在分类分级的安全治理要求下，需要在数据安全审计系统现有的能力之上，围绕分类分级数据建设数据安全监测能力，以集中监测分类分级数据相关的用户访问行为。

图 2-38 介绍了数据安全监测系统的架构。首先，数据安全监测系统需要同步全局分类分级数据清单和相应安全防护策略，在 2.2.2.3 节中对安全防护策略有详细介绍。平时，企业安全部门持续采集业务环境中用户和应用对数据的全生命周期访问日志，按照安全防护策略的要求，对这些日志中的数据访问行为进行分析、监测。此外安全部门需要准确识别针对分类分级数据的危险访问行为及违规访问行为，通过告警等操作触发全域的防护协同。

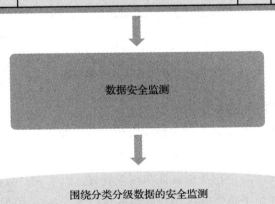

分类分级数据的安全防护策略

数据对象	敏感数据	分类	分级	安全防护策略	防护算法
db1.table1.col1	姓名	金融–个人–个人自然信息–个人基本概况信息	G3	脱敏	mask
db1.table1.col2	手机号	金融–个人–个人自然信息–个人联系信息	G3	脱敏	mask
db1.table1.col3	身份证号	金融–个人–个人自然信息–个人基本概况信息	G3	脱敏	mask

数据安全监测

围绕分类分级数据的安全监测

图 2-38　围绕分类分级数据的安全监测

数据安全监测系统的主要业务能力包括如下几方面。

❑ 监测针对分类分级数据的访问行为。如在数据资源服务节点上可发现敏感数据被异常频繁访问、违规查询、违规下载等，在安全 API 网关上可发现敏感数据通过 API 违规流出，进而以告警形式触发全域的防护操作，支持事后的责任追溯。

❑ 检查敏感数据的安全防护策略。检查是否对敏感数据按照分类分级配置了相应的防护措施，及时发现针对敏感数据的违反安全防护策略的操作。

❑ 提供分类分级数据的访问监测报告，作为安全合规报告中的重要组成部分。

图 2-39 说明了安全监测系统的整体架构，在此不做详解。

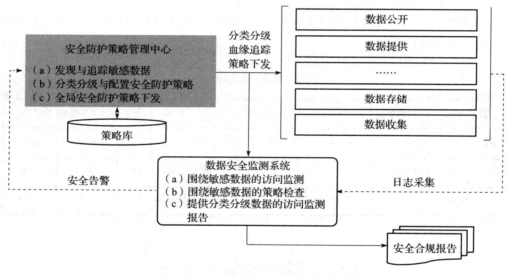

图 2-39　数据安全监测系统

2.2.2.8　统一的访问控制技术

企业的各个数据域都部署着众多数据资源服务，如各种交易型数据库、大数据平台设施和各种数据开发与应用，当用户向数据资源服务请求访问资源或服务间请求访问对方的资源时，就需要进行身份认证和权限管理，以实现对数据访问行为的安全控制。其中，身份认证用于决定哪些用户或服务可以接入被请求的服务，权限管理则用于控制用户或服务接入被请求的服务后能够访问哪些数据。

通常，用户的身份认证和权限管理需要围绕组织结构和业务划分展开，服务间的访问则围绕基础设施的部署和业务实施情况展开。在原生情况下，身份认证和权限管理由各个数据资源服务单独提供，这给运维管理带来了极大的麻烦。

以大数据平台 Apache Hadoop 为例，原生大数据组件拥有各自的身份认证与权限管理方式，如 Apache HDFS 使用类似 POSIX ACL 的权限模型，通过 HDFS 命令或 API 接口进行授权；Apache Hive 使用基于角色的 RBAC 模型，通过 SQL 授权；Apache HBase 使用基于组的 RBAC 权限模型，通过 HBase shell 授权。管理员需要登录以上三个系统、使用三种不同的权限管理模型才能完成对某个用户的完整授权。这对于实际的生产运维是非常困难的，而且容易产生人工的差错。

为解决分散管理的痛点，建立统一的用户身份认证和权限管理系统即 IAM（Identity and Access Management）平台成为现代企业数据安全治理的重要能力要求。一般来说，IAM 平台可以为企业提供以下平台化管理能力，可参考图 2-40。

- 统一的用户生命周期管理，包括用户的创建、修改、禁用、使能和删除等，可以按照企业的组织架构和业务的划分进行灵活的用户分组管理。
- 各类资源访问的集中式权限管理，按照不同数据资源服务的资源粒度和业务维度，实现面向用户访问权限的集中配置、存储和鉴权。
- 统一的认证服务，为需要身份认证和权限管理的数据资源服务提供安全可信的第三方委派认证服务，当用户向数据资源服务提出资源访问请求时，相关认证信息，如账号、密码或其他认证协议所要求的认证标识被传递至 IAM 平台进行身份认证，被请求的数据资源服务则信任 IAM 平台的认证结果。
- 单点登录 / 登出（SSO）服务，实现企业 Web 服务的全局单点登录 / 登出，简化企业用户的登录交互。
- 统一的审计管理，IAM 平台可以通过向审计平台输出各类过程日志，与审计平台协同实现对用户身份认证及权限管理、用户资源访问行为的统一安全审计。
- 合适的权限管理模型，除了以上统一管理的益处之外，IAM 平台还能够根据企业组织架构和权限管理的要求，提供合适的权限管理模型，包括 RBAC、ARBAC 和 ABAC 等。RBAC（Role Based Access Control）提供基于用户、组和角色的权限管理模式。ARBAC（Administrative Role Based Access Control）则在 RBAC 基础上实现了基于组织分层的分权分域管理能力，更加适合于多组织多层级的企业。ABAC（Attribute Based Access Control）提供基于属性的访问控制，如可根据访问发生时的"用户 + 来源 IP+ 访问时间"等条件来控制用户访问权限。

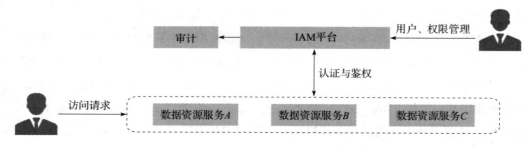

图 2-40   统一的身份认证、权限管理和审计管理

为实现上述统一管理模式，数据资源服务需要与 IAM 平台进行协议对接并具体实现相关机制。其中在认证方面，服务需要实现委派认证（Delegated Authentication），即服务将身份认证功能委托给 IAM 平台，服务认可 IAM 平台的身份认证结果。在权限管理方面，服务将用户权限信息交由 IAM 平台集中存储和维护，服务对权限信息做本地化解释和逻辑实现。通过向 IAM 平台转移以上能力，就实现了各数据资源服务基于 IAM 平台的统一访问控制。

2.2.3   数据平台层的安全技术要求

数据平台层的安全指的是数据库或大数据平台的数据安全，因为数据的存储、计算都发生在这一层，所以数据安全隐患或潜在的安全信道供给也更多。数据库安全技术已经发展了 40 多年，包括安全认证技术、通信加密技术、权限控制、数据库审计、访问控制模型等，让管理员可以通过对不同技术的组合来防范数据库安全风险。近年来一些应用需要数据平台层能够精确控制到表的行级别，数据的存储加密以及对国密算法的支持也逐渐成为数据平台层的重要安全功能。

近年来安全隔离技术逐渐成为数据平台层的一个重要的安全防护手段，该技术将数据平台层的各个服务与数据应用相隔离，减少了安全信道的暴露风险。以新型的容器技术为代表，数据库或大数据平台通过容器技术来部署和调度，隔离容器之间的 CPU、内存和网络资源，甚至采用零信任安全架构技术来设计数据平台层和应用之间的通信，从而让数据平台对外暴露安全通道的风险降到最低。

此外，由于数据服务化和资产化的广泛落地，数据平台层往往需要支持很多个应用，这引发了很多安全管理方面的难题。一些新兴的安全技术也逐步涌现出来，如数据库 SQL 审核技术可以让数据库直接拒绝一些不符合规范的业务逻辑；又如数据库动态脱敏技术可以让数据库或大数据平台在返回数据时直接适配数据脱敏规则，无须在每个应用端都重复配置安全规则，从而大大减小了安全管理的复杂度。本节我们展开讨论这些技术。

2.2.3.1　服务安全隔离

传统基础设施的安全防护策略侧重于对来自企业外部的威胁进行隔离和防护，如防火墙、WAF 等边界防控技术，对内部则依赖内网信任，缺乏对所承载服务的隔离和防护措施。一旦有违规的数据访问行为发生在内部，如防火墙被突破、安全漏洞被利用或者是内部不同服务间出现恶意活动，那么数据防护将无从谈起。同时，随着公有云、混合云和边缘计算等云场景发展，数据访问与信任域贯穿于内网与外网、内网服务间，基于内网信任的安全防护无法满足防护要求。

着眼于云场景的数据服务，基础设施安全防护需要进行由外而内的加强，即在传统的侧重于对外边界防护的基础上，增加对集群内部服务之间的安全防护，信任域模型见图 2-41。通过对多用户的多个服务做横向的信任域划分，而不单是在基础设施集群间做简单的纵向隔离，来适应多组件间分布式协作的网络访问复杂性。同时，增加容器隔离、资源隔离、运行态漏洞扫描等防护手段，完善基础设施层的防护措施。

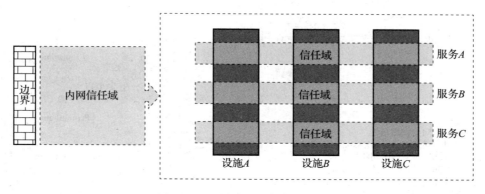

图 2-41　基础设施的信任域模型

下面列举一些防护手段。

❏ 基于角色的节点访问控制：对集群节点进行角色划分，得到网关节点、出口节点、工作节点及控制节点，不同角色节点的配置不同。位于集群内部的工作节点和控制节点不对集群外部开放，外部节点仅可通过安全接入区的网关节点访问内部节点。同时通过配置 Ingress 及 SLB 的 ACL 策略最小化访问能力。内部节点对外部节点的访问和服务受出口节点的 egress 及其网络访问策略控制。示意图见图 2-42。

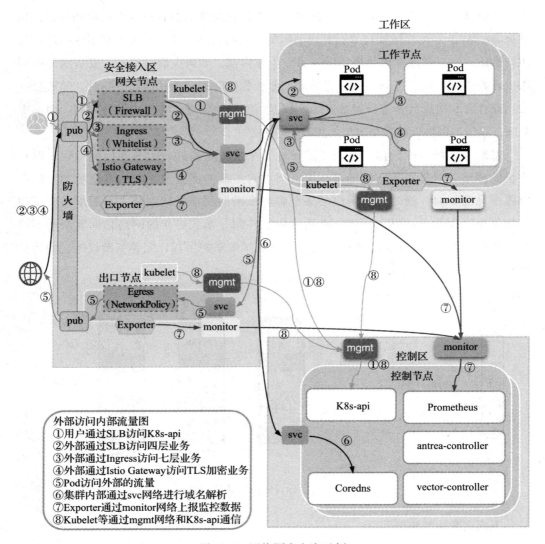

图 2-42　网络隔离方案示例

❑ 网络隔离：根据服务的数据流向要求，通过对不同服务进行角色化的网络策略管理，实现服务粒度的网络隔离。不同服务之间默认配置为不可信，通过角色化配置以最小化网络连通策略打开服务之间的网络访问。不同服务采用不同的虚拟网络及网络访问控制策略。角色化的网络配置可快速、灵活地对云场景下跨组件的分布式系统实施逻辑清晰的网络隔离，大大降低云场景网络隔离管理的复杂度。

❑ 运行时隔离：通过容器技术实现运行环境隔离，进程之间无法互相感知。使用容器技术可以极大地减少利用应用漏洞对主机进行破坏的风险，最小化容器内用户、权限、挂载点，降低越权访问的可能性。

❑ 资源隔离：每个用户都拥有独立的操作系统命名空间，不同的命名空间采用相互独立的网段及网络访问控制策略、独立的 CPU 和内存资源，从而保证不同用户之间存在计算资源隔离。采用统一的磁盘资源池化技术，不同用户使用不同卷组（Volume group）实现相互隔离。

❑ 数据隔离：每个用户使用独立的分布式文件系统和分布式数据库用于数据存储；通过用户间互信、细粒度的权限控制和审批流程来实现数据共享和隔离。

2.2.3.2 数据库加密

在标准的数据存储过程中，数据以明文形式写入数据库文件中，当数据库文件被盗时，数据会被泄露给未经授权的用户，这个过程通常叫拖库。为防止数据库拖库造成的数据泄露，常用手段就是数据库加密，并根据数据加密的方式匹配相应的密钥管理。整体上，平台建设者通过建设数据库加密能力和密钥管理服务来满足数据库加密业务的需求。

数据库加密存在两条实现路径，分别对应不同的防护场景。

（1）透明数据加密（Transparent Data Encryption）

应用系统对数据库进行透明的 SQL 读写，其中透明是指应用系统对加解密过程无感知，数据库的加密仅存在于数据库服务端，在应用端始终为明文。如图 2-43 所示，当往数据库写入数据时，数据库存储引擎自动对明文数据进行加密并将密文存储在文件系统；当从数据库读取数据时，数据库存储引擎自动对密文进行解密，向上层及应用系统返回明文数据。

当把加密的表文件复制出数据库系统时，由于内容已被加密，因此可以防止拖库。

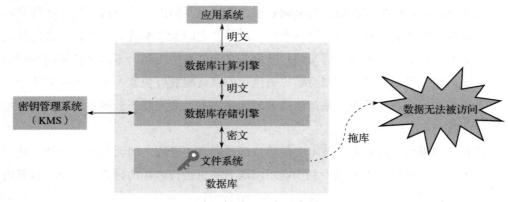

图 2-43　透明数据加密

透明数据加密的主要优点是无须改造应用系统，不影响原有业务的 SQL 语句执行，包括针对加密字段的查询、分析。但其防护场景不包括应用层，因为应用层只要可以访问数据库就可以读取到明文。

（2）应用层数据加密

顾名思义，应用层数据加密是在应用层实现的数据加密。如图 2-44 所示，对应用系统的数据访问方式改造，在往数据库写入数据时使用应用层的加密函数或数据库计算引擎提供的加密函数对该数据进行加密，然后把密文存储在数据库的文件系统；在从数据库读取数据时，使用应用层或数据库的解密函数对密文进行解密。这种处理方式的加密和解密过程都直接由应用层来控制。

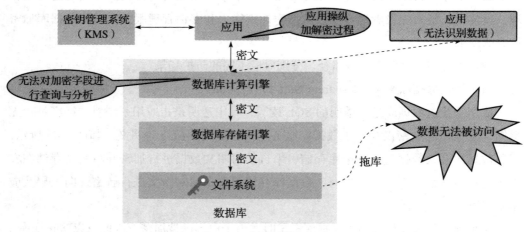

图 2-44　应用层数据加密

同样，由于数据在数据库中是以密文形式存储，因此当发生拖库时，拖库者无法识别原始数据。如果对数据的非授权访问发生在应用端，那么未被授权的访问者也会因为数据被加密而无法识别原始数据。从而，应用层数据加密在数据库服务端和应用端都对数据泄露进行了防护。

然而，应用层数据加密需要在应用层进行侵入式代码改造，无疑会给生产带来影响，并且加密后的字段无法被数据库识别，即无法使用 SQL 中的 where 语句进行查询和各种分析，这很可能会直接阻碍业务实现。所以，应用层数据加密的适用场景存在一定限制。

一般来说，对于数据库加密的方式选择需要平台建设者和应用开发者根据数据业务的场景要求来共同确定。

2.2.3.3 密钥管理服务

密钥（key）是用来完成加密、解密、完整性验证等密码学应用的秘密信息。通常，需要根据安全防护策略，为数据库加密、应用层数据加密等加密业务提供统一的密钥管理服务（Key Management Service，KMS），即为密钥使用者和管理者提供对密钥的全生命周期管理服务，包括密钥生成、存储、分发、更新、归档、废止、销毁、备份和恢复等，如图 2-45 所示。

由图 2-45 可以看出，KMS 负责管理密钥的全生命周期，为应用或资源服务提供可靠的密钥服务，但并不介入密钥对数据的具体加解密过程。下面以常见的文件加密过程来说明应用或资源服务与 KMS 之间的交互过程，示意图见图 2-46。

用户首先需要创建自己的"主密钥"，这个密钥由用户所有，不同用户使用不同的主密钥；在需要创建加密文件时，用户所授权的应用或资源服务向 KMS 申请创建"数据密钥"，数据密钥用于会话中的文件加密，主密钥参与数据密钥的生成并对数据密钥进行加密；应用或资源服务基于算法设置进行具体的数据加密操作，并将加密的数据密钥和加密后的文件一起存储，至此完成文件加密过程。

当应用或资源服务访问加密文件时，需要先把和文件一起存储的加密的数据密钥取出并发送给 KMS 进行解密，KMS 用该用户的主密钥进行解密，然后返回解密后的数据密钥，应用或资源服务完成对加密文件的解密后，生成明文数据，解密过程结束。

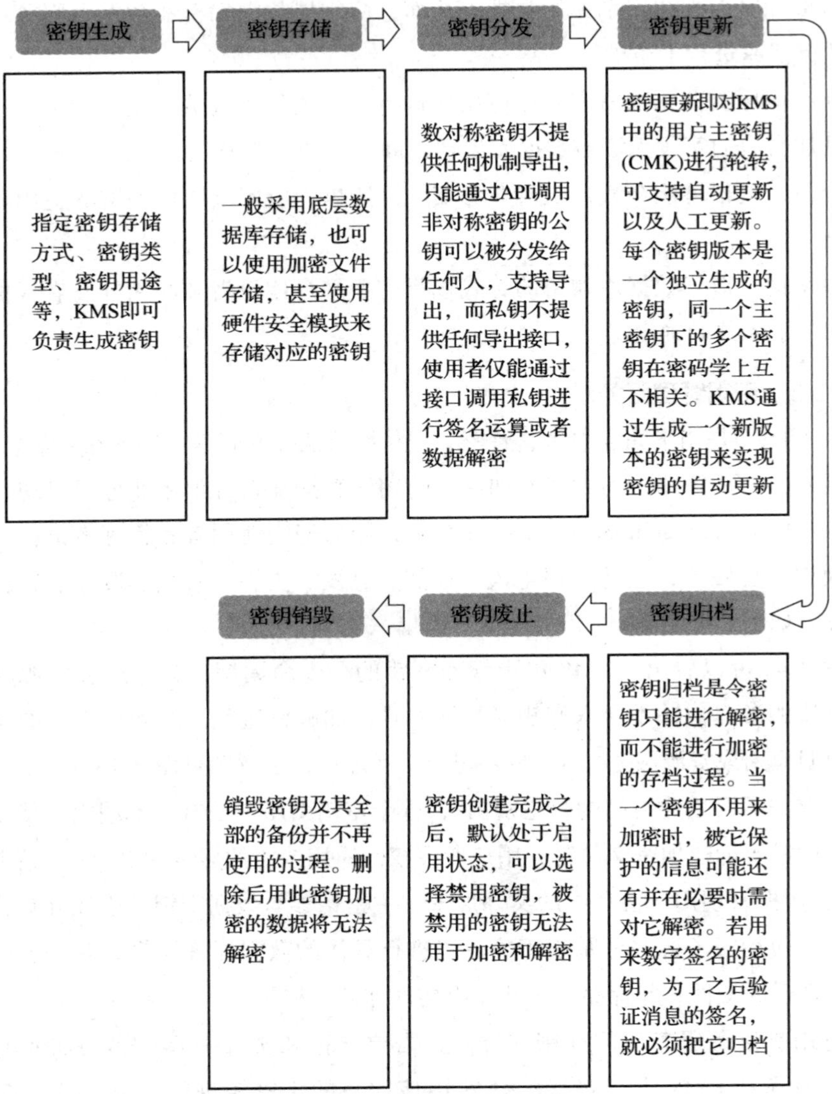

密钥生成	密钥存储	密钥分发	密钥更新
指定密钥存储方式、密钥类型、密钥用途等，KMS即可负责生成密钥	一般采用底层数据库存储，也可以使用加密文件存储，甚至使用硬件安全模块来存储对应的密钥	数对称密钥不提供任何机制导出，只能通过API调用非对称密钥的公钥可以被分发给任何人，支持导出，而私钥不提供任何导出接口，使用者仅能通过接口调用私钥进行签名运算或者数据解密	密钥更新即对KMS中的用户主密钥(CMK)进行轮转，可支持自动更新以及人工更新。每个密钥版本是一个独立生成的密钥，同一个主密钥下的多个密钥在密码学上互不相关。KMS通过生成一个新版本的密钥来实现密钥的自动更新

密钥销毁	密钥废止	密钥归档
销毁密钥及其全部的备份并不再使用的过程。删除后此密钥加密的数据将无法解密	密钥创建完成之后，默认处于启用状态，可以选择禁用密钥，被禁用的密钥无法用于加密和解密	密钥归档是令密钥只能进行解密，而不能进行加密的存档过程。当一个密钥不用来加密时，被它保护的信息可能还有并在必要时需对它解密。若用来数字签名的密钥，为了之后验证消息的签名，就必须把它归档

图 2-45　密钥生命周期管理

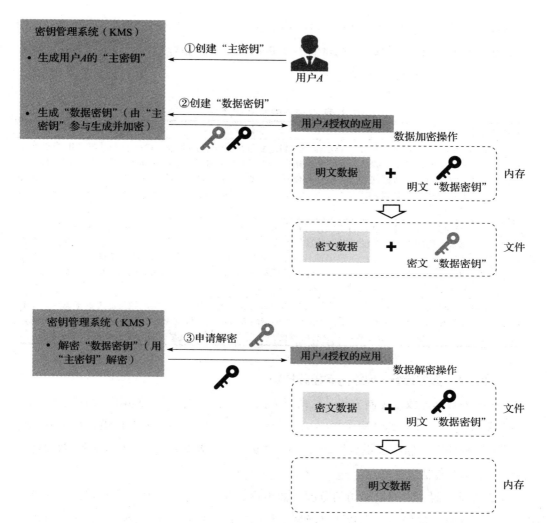

图 2-46　文件加解密模式

在密钥管理服务的基础上，还要采用具体算法，这是实现数据安全加密的核心。目前大量信息系统依旧采用 MD5/SHA-1/RSA-512/RSA-1024/DES 等安全性不高的国外密码算法。为增强我国行业信息系统的"安全可控"能力，国家有关机关和监管机构站在国家安全和长远战略的高度提出了推动国密算法（国产密码算法）应用实施、加强行业安全可控的要求，以摆脱对国外技术和产品的过度依赖。

数据库及大数据平台在构建数据加密能力时，对国密算法的支持度是一项重要考量指标。具体来说，国密算法是国家密码局认定的国产商用密码算法，金融领域目前主要使用公开的 SM2、SM3、SM4 这三类算法，分别是非对称算法、哈希算法和对称算法，对它们的介绍如表 2-14 所示。

表 2-14　国密算法介绍

国密算法	算法说明
SM2 算法	SM2 椭圆曲线公钥密码算法是我国自主设计的公钥密码算法，包括 SM2-1 椭圆曲线数字签名算法，SM2-2 椭圆曲线密钥交换算法，SM2-3 椭圆曲线公钥加密算法，分别用于实现数字签名密钥协商和数据加密等功能。SM2 算法与 RSA 算法的不同是，SM2 算法基于的是椭圆曲线上点群离散对数难题，相对于 RSA 算法，256 位的 SM2 密码强度已经比 2048 位的 RSA 密码强度要高
SM3 算法	SM3 杂凑算法是我国自主设计的密码杂凑算法，适用于商用密码应用中的数字签名和验证消息认证码的生成与验证以及随机数的生成，可满足多种密码应用的安全需求。为了保证杂凑算法的安全性，其产生的杂凑值的长度不应太短，例如 MD5 输出 128 比特杂凑值，输出长度太短，影响其安全性；SHA-1 算法的输出长度为 160 比特；SM3 算法的输出长度为 256 比特，因此 SM3 算法的安全性要高于 MD5 算法和 SHA-1 算法
SM4 算法	SM4 分组密码算法是我国自主设计的分组对称密码算法，用于实现数据的加解密运算，以保证数据和信息的机密性。要保证一个对称密码算法的安全性的基本条件是其具备足够的密钥长度，SM4 算法与 AES 算法具有相同的密钥长度 128 比特，因此在安全性上高于 3DES 算法

2.2.3.4　数据库行/列级访问权限控制

传统的数据库权限控制方法是给访问数据库的用户赋以对"数据库对象"（库、表、字段等）的读（SELECT）写（INSERT、UPDATE、DELETE）操作权限，用户并不感知具体数据内容。但在围绕数据的安全防护场景下，数据安全治理需要感知数据的具体防护要求，包括以下几点。

❑ 需要限制用户的数据访问范围。如银行数据仓库场景，操作人员可能属于不同的支行，他们只应该看到其所属支行的数据。比较传统的做法是，将一张大表按支行切分成多个小表或者创建多个 VIEW，对表或者 VIEW 设置表级访问权限（PRIVILEGE）。这种做法用在对表或者 VIEW 的管理上相当烦琐，在汇总分析时也存在麻烦。能否通过在一张大表中给不同用户限定不同的数据访问范围，来实现灵活的数据访问控制呢？

❑ 需要控制数据的返回结果。同样在银行数据仓库场景，操作人员在查询带有敏感信息的数据时，需要根据其管控级别对敏感字段进行相应的脱敏处理。例如管理员有权查看表中电话号码所有的位数，而非管理员看到的电话号码会有多位被遮盖。当然可以通过脱敏处理生成离线脱敏数据集来满足以上查询要求，但这样处理无法满足业务的在线访问要求。

可以看出，以上要求都需要将数据库的权限控制深入到数据层面。一些数据库领先厂商为此进行了积极的探索，提供了一些非常有价值的数据访问控制新模式，在生产实践中也得到了实际应用。

（1）行级权限控制

与访问者绑定，通过条件语句控制数据表中的数据访问范围。以下面的语句模式为例：

```
GRANT PERMISSION ON TABLE <table_name> FOR ROWS <where_clause>;
```

以上模式中 <where_clause> 用来控制访问者的数据访问范围，诸如在银行支行的数据访问者只能访问所属支行数据的场景下，可以将 <where_clause> 设置为支行的访问范围条件，这样在同一张表中，来自不同支行访问者的数据访问行为就被限定在所属支行的数据范围内，保证了访问者间的数据访问隔离。

在一般业务的数据开发场景中，同层级的多个组织访问同一个库的同一张表很常见。围绕对数据的安全防护要求，通过行级权限控制有效实现了同级组织的数据访问隔离，不需要复杂的数据库管理，不影响面向全局的数据统计与分析，同时也不需要对上层业务进行改造。有效满足了以上常见业务场景下的数据安全保护要求。

（2）列级权限控制

与行级权限控制类似，列级权限控制也是将访问者与数据访问范围绑定，实现方式是通过条件语句控制数据表中的列（字段）的返回形式。以下面的语句模式为例：

```
GRANT PERMISSION ON [TABLE] <table_name> FOR COLUMN <case_when>;
```

以上模式中 <case_when> 可以用来控制返回给访问者的字段形式，图 2-47 是对姓名（name）字段的处理示例，管理员（ADMIN）可以直接访问该字段，而其他用户只能看到字段的第一个字母，其他字母隐藏为星号。

```
CASE WHEN HAS_ROLE(ADMIN')THEN name  ⟶ 如果是管理员，则直接返回name内容
ELSE MASK(name,1)                    ⟶ 如果是其他用户，则返回遮盖（MASK）处理后的内容
END
```

图 2-47 列级权限控制示例

数据库列级权限控制有效解决了一般在线业务中对敏感字段的常见安全防护问题，同样也不需要进行业务层改造。

从以上数据库行级和列级访问权限控制功能可以看出，在对数据进行安全治理的要求下，数据库层面实现的内生安全新技术可以在当前业务场景的数据安全防护中发挥积极作用。在下一节中，将对数据库内生安全的另一项技术——SQL审核和动态脱敏展开介绍。

2.2.3.5 数据库内的SQL审核与动态脱敏

数据安全治理域的重要建设目标之一是实现数据安全防护策略的全局配置和执行，以解决当下分散的数据防护能力和维护措施所造成的缺乏全局统筹与实施的安全治理痛点。在大数据平台建设中，如何保证在核心数据资源服务即数据库上实现分类分级防护策略的有效执行，是业界着手解决的重点问题。为实现对数据的安全防护，SQL审核与动态脱敏是近年来新发展的数据库内生安全防护技术，如图2-48所示。

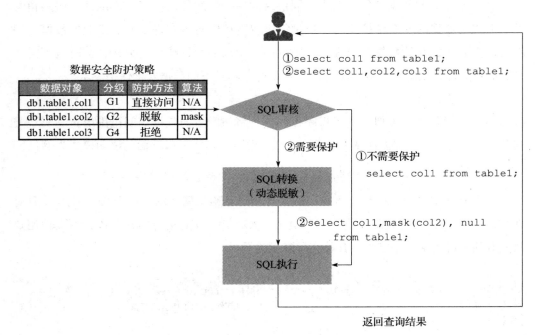

图 2-48　数据库 SQL 审核与动态脱敏

在数据访问会话过程中，数据库可实现对在线 SQL 语句的安全检查和策略防护，通过与分类分级管理策略的协同，实现数据库安全防护的内聚性和可管理性。同时，由于安全特性是内生的，因此平台建设者不需要为实现数据库安全新增安全设施，也不需要改造上层业务。其基本实现原理如下文所述。

首先由分类分级管理工具完成对数据的分类分级和防护策略的配置，这些策略将被下发给数据库，由数据库在线感知并执行。在用户对数据库的访问过程中，数据库计算引擎对 SQL 语句进行安全策略审核和动态脱敏处理。如果发现 SQL 语句中包含了对敏感数据的访问语句，则根据防护策略的要求对该 SQL 语句进行相应的转换处理，以完成对分类分级数据的动态脱敏。在图 2-49 中，db1.table1.col1 是可以直接访问的字段，不需要脱敏处理，相关 SQL 语句直接执行；db1.table1.col2 需要经过遮盖（mask）处理；db1.table1.col3 不允许被访问。因此涉及访问 db1.table1.col2 和 db1.table1.col3 的 SQL 语句需要在经过转换处理后，才能得到进一步执行。

基于用户的数据防护策略

用户	数据对象	分级	防护方法	算法
all	db1.table1.col1	G1	直接访问	N/A
alice	db1.table1.col2	G2	脱敏	mask
admin	db1.table1.col2	G2	直接访问	N/A
all	db1.table1.col3	G4	拒绝	N/A

图 2-49　基于用户的数据安全防护策略

在具体应用中，还需要将安全防护策略与数据访问者相关联，提供基于用户维度的数据防护，以满足企业基于组织层级的数据安全治理要求。如图 2-49 所示，admin 对 db1.table1.col2 可以直接访问，而 alice 访问同样数据时必须对数据做遮盖处理。

数据库内生的 SQL 审计与动态脱敏技术和基于中间件的实现方式相比有一定优势。如图 2-50 所示，采用中间件方式的动态脱敏需要部署复杂的中间件设施，会引入相关的连接管理、性能和可靠性问题等。中间件实现方式在数据库安全防护上仍存在漏洞，任何绕过中间件对数据库的直接访问其实都没有得到控制。

数据库内生实现的 SQL 审核与动态脱敏则不存在以上弊端，表 2-15 对两种架构做了具体比较。

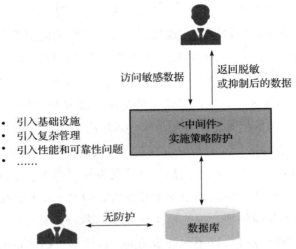

图 2-50　基于中间件的数据库安全防护存在缺点

表 2-15　数据库安全防护的架构比较

属性	数据库内生安全防护	基于中间件构建安全防护
架构与功能	由数据库计算引擎实现 SQL 审核和动态脱敏，可实现统一的策略管理	在应用系统与数据库的连接之间引入中间件来实现 SQL 审核和动态脱敏，可实现统一的策略管理
安全性	完整	存在数据库直接访问的安全漏洞
应用侵入性	无侵入	由于中间件对各种数据库方言的支持能力存在一定缺失，会要求应用进行一定的功能降级
建设成本	不需要新增基础设施	一般情况下需要为每个数据库集群建设配套的中间件集群，成本高，建设周期长，并存在生成割接风险
管理成本	专注于安全防护的管理	在安全防护的管理之外，需要对中间件集群进行配置管理和运维管理，包括集群可靠可用管理、运行性能管理、客户端接入管理、连接池管理、中间件版本发布管理等
兼容性	依赖数据库是否支持 SQL 审核和动态脱敏	可兼容不同数据库，但对各类数据库的适配开发工作量较大

在数据安全治理的大背景下，数据库设施是否具备内生的 SQL 审核与动态脱敏能力，可能会成为对数据平台建设的重要考量指标。

2.3　数据安全治理的组织与制度建设

当前很多企业的数据安全治理工作还处于早期阶段，其数据安全治理水平与监管要求存在一些差距。为帮助企业落实数据安全治理目标，围绕组织与制度建设的相关导引与标准也陆续出台，如：银行业在 2018 年发布了《银行业金融机构数据治理指引》[29]，对包括数据安全在内的数据治理提出了组织建设上的建设指引。2021 年，中国信息通信研究院牵头制定了《数据安全治理能力评估方法》，并发布了《数据安全治理实践指南（1.0）》[30]，对电信及互联网行业在数据安全方面给出了包括组织与制度、技术工具和人员能力的成熟度评估方法及建设指南。这些为相关企业提供了组织与制度建设的重要参考。

2.3.1　组织架构的设计

按照网络安全等级保护要求，企业一般已经建立了一些围绕网络与信息安全的组织与制度，但主要偏向基础设施和边界防护。数据安全是以数据为核心，围绕数据安全的全生命周期展开建设，需要响应陆续出台的数据安全法律法规和标准规范的严格监管要求，并参照成熟度评估不断修正、持续建设。所以数据安全治理对企业组织架构提出了新的要求：

- ❑ 需要在组织层面设立专门的决策、管理和执行层级，通过目标设定和制度设计，实现企业有意识、有组织、有标准的数据安全运营；
- ❑ 需要围绕数据全生命周期的安全防护要求和技术工具，落实具体的职责分工和制度执行；
- ❑ 需要通过合规监督的组织和制度设计，持续评估数据安全管理的运营状态和成熟度水平，并持续跟进国家数据安全法律法规和标准规范的监管要求。

为此，典型的数据安全组织架构如图 2-51 所示（参考《数据安全治理实践指南（1.0）》）。

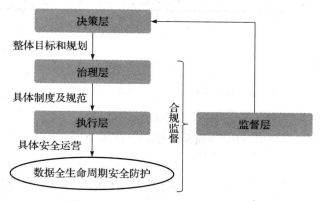

图 2-51　典型的数据安全组织架构

决策层如数据安全领导小组或者升级的数据安全保护委员会，负责统筹整体目标和规划；治理层根据决策层的目标输入设定具体制度及规范；执行层负责具体的数据安全运营；监督层进行合规监督工作。具体角色说明可参考表2-16。

表2-16　数据安全组织架构角色与职责分工

	角色	角色描述	主要职责
决策层	数据安全领导小组	采取"一把手负责制"，由组织高层管理者、各业务部门及技术部门的直接领导共同组成	• 指定数据安全整体目标和发展规划 • 发布数据安全治理制度及规范 • 提供数据安全规划、设计、建设、实施、运营等全过程的资源保障 • 负责重大数据安全实践协调与决策等
治理层	数据安全治理团队	由数据安全领导小组指派中高层人员作为数据安全负责人，并组建数据安全治理团队	• 制定数据安全治理制度及规范 • 指定数据安全工作在各层级的运行机制，保障数据安全工作的顺利运营 • 推进数据安全意识培训、安全技能提升、安全技术考核等工作的开展 • 负责与国家数据安全相关监督管理及行业组织的协调沟通 • 负责数据安全的日常治理工作等
执行层	数据安全执行团队	由各业务部门中与数据处理活动相关的人员，以及风控、技术、运营等团队的人员组成	• 负责数据安全制度及规范的具体执行 • 负责数据安全事件的检测、处置、分析 • 负责数据安全的风险评估 • 负责反馈合理的数据安全需求，促进数据安全防护工作的改进 • 积极参与数据安全意识培训、能力培养及考核工作等
监督层	数据安全监督小组	由风控、审计、合规等多部门组成的数据安全监督小组	• 对数据安全制度及规范的完整性及执行情况进行监督 • 对数据安全技术工作的落地情况进行监督 • 对数据安全风险评估过程进行监督审计等

来源：中国信息通信研究院

2.3.2　制度与流程

按照企业的标准化管理要求，通过分层的制度流程设计，实现数据安全治理的落地实施。通常可以将制度流程分为以下层级进行设计：

❑ 一级文件是由决策层制定的面向组织的数据安全治理方针、政策、目标及基本原则；

❑ 二级文件是由治理层根据一级文件制定的通用治理办法、制度及标准；

❑ 三级文件是由治理层、执行层根据二级治理办法确定各业务、各环节的具体操作指南、规范；

❑ 四级文件是各项具体制度执行时的过程性规范，包括工作计划、申请表单、审核记录、日志文件、清单列表等内容。

以上三级和四级的实施通常需要通过与技术工具相结合，以实现技术化、高效率、可溯源、可管理的持续运营。

围绕数据全生命周期安全管理要求，图 2-52 给出了各级制度文件的参考示例。

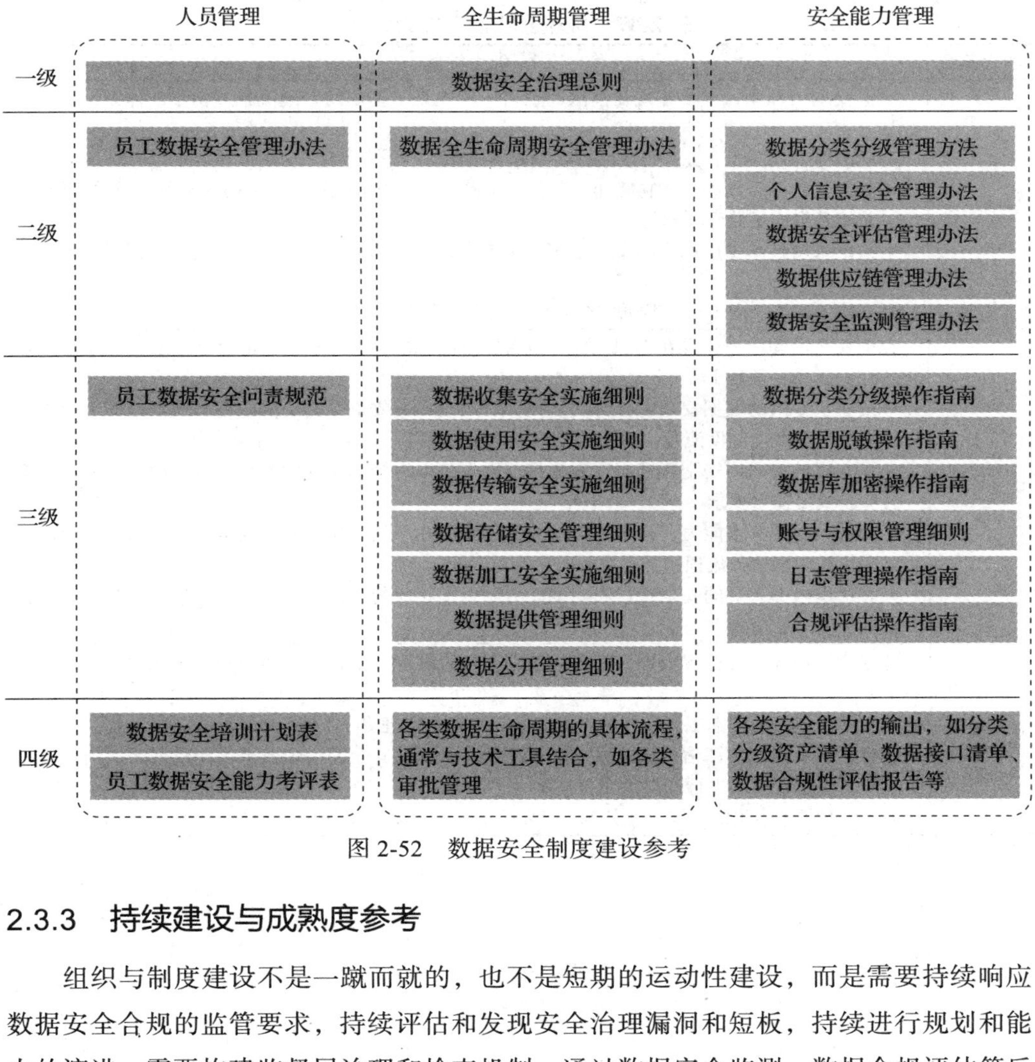

	人员管理	全生命周期管理	安全能力管理
一级	数据安全治理总则		
二级	员工数据安全管理办法	数据全生命周期安全管理办法	数据分类分级管理方法 个人信息安全管理办法 数据安全评估管理办法 数据供应链管理办法 数据安全监测管理办法
三级	员工数据安全问责规范	数据收集安全实施细则 数据使用安全实施细则 数据传输安全实施细则 数据存储安全管理细则 数据加工安全实施细则 数据提供管理细则 数据公开管理细则	数据分类分级操作指南 数据脱敏操作指南 数据库加密操作指南 账号与权限管理细则 日志管理操作指南 合规评估操作指南
四级	数据安全培训计划表 员工数据安全能力考评表	各类数据生命周期的具体流程，通常与技术工具结合，如各类审批管理	各类安全能力的输出，如分类分级资产清单、数据接口清单、数据合规性评估报告等

图 2-52　数据安全制度建设参考

2.3.3　持续建设与成熟度参考

组织与制度建设不是一蹴而就的，也不是短期的运动性建设，而是需要持续响应数据安全合规的监管要求，持续评估和发现安全治理漏洞和短板，持续进行规划和能力的演进。需要构建监督层治理和检查机制，通过数据安全监测、数据合规评估等反馈机制，以"PDCA（规划—执行—检查—处置）"的模式，持续提升数据安全治理的成熟度水平，实现数据安全治理工作的长期演进。

　　表 2-17 为中国信息通信研究院在《数据安全治理能力评估方法》中给出的数据安全治理成熟度标准，可作为企业对数据安全组织与制度建设的目标参考。其中，基础级是组织与制度建设的起步阶段目标；优秀级代表基本体系完善，可满足大多数场景的监管要求；先进级则通过实施合规检查等监督机制，实现持续且敏捷的演进能力。

表 2-17　数据安全治理能力评估

能力等级	能力描述
基础级	数据安全治理能力主要体现在离散的项目中，建立了基本的管理流程和初步的体系，具体特征如下： ● 一般由各业务团队人员负责数据安全相关工作 ● 制定了初步的数据安全制度规范和管理流程，以保障组织核心业务的安全执行及故障恢复，并能基本满足监管要求 ● 尝试采用技术手段和产品工具落实安全要求，但对业务和数据全生命周期覆盖范围及支撑能力有限 ● 开始关注组织内人员的数据安全意识，进行定期培训
优秀级	数据安全治理能力体现在组织层面，具备完善的标准化管理机制，能够促进数据安全的规范化落地，具体特征如下： ● 设立了专门的数据安全管理部门、岗位、人员，主要负责制定实施组织的数据安全战略规划、数据安全制度流程，以覆盖数据全生命周期相关的业务、系统和应用 ● 具备完善的数据安全管理制度和流程，以保障组织全部业务的安全执行及故障恢复，并能完全满足监管要求 ● 具备较强的技术能力，积累了大量的技术手段和产品工具，对数据全生命周期的安全过程和组织内全业务流程的开展进行有效支撑 ● 对组织内部人员的安全意识和安全能力制定了相应的培训及考核机制，注重组织内部数据安全的人才培养
先进级	数据安全治理能力体现在拥有完善的数据安全治理能力量化评估体系和持续优化策略，具体特征如下： ● 建立了统一的技术工具，能够为组织的数据安全治理提供支撑 ● 建立了可量化的评估指标体系，能够准确评估数据安全的治理效果，并根据评估结果及时对组织建设情况进行调整优化 ● 当监管要求、组织架构、业务需求等发生变化时，能够及时调整相应的数据安全策略及规范

　　来源：中国信息通信研究院

第 3 章 *Chapter 3*

数据流通

数据流通是指数据作为流通对象，按照一定规则从提供方传递到需求方的过程。数据流通可以实现数据资产的价值，而且通过数据资源的多方融合可以实现数据价值的增值。

数据流通的方式大致有两种：基于商业模式的数据交易和倾向于免费的数据共享，其中数据交易是流通的主要方式。数据交易的本质是以数据为标的物的商事交易，数据的提供方和需求方之间存在着买卖合同法律关系。在数据交易中，交易平台（或交易所）作为中间商，在撮合交易成功的过程中发挥着重要作用。

整体来看，国外数据交易平台更重视"精"，专注于某一领域的数据，质量和专业性在市场上具有一定认可度。而国内平台的建设更倾向于追求"大而全"，但受到数据安全防护能力不足、供需错配、定价不合理、时效性较差等问题的影响，成交量较低。数据的跨境流通涉及不同国家的法律法规、技术标准体系以及国家安全问题，有着更为严格的管控政策。

当前企业数据量正呈指数级增长，数据流通的商业化趋势和需求日益明显。目前围绕数据价值的增值和流通，新的商业模式也处于发展之中。

3.1 隐私计算技术

随着数字经济时代发展的不断深入，数据作为生产要素的地位也逐步明确，"加快培育数据要素市场、推进政府数据开放共享、提升社会数据资源价值、加强数据资源整合和安全保护"已经被明确提及。数据要素如何实现跨行业、跨领域、跨区域、跨机构间流通从而达到价值释放，已经是一个重要的现实问题。但现实中，数据要素的市场化配置方兴未艾，企业、机构间对内外数据的智能业务协作的较大需求与现阶段起步晚、规模小、制约多的状况有着多重矛盾。

为了解决上述矛盾，提出了各类数据安全保障技术、分类分级技术和安全审计相关技术，以解决个人信息隐私、数据标识、溯源等诸多问题。但是，数据流通急需平衡数据流通后的数据滥用、信息泄露和信息可被反推等隐私安全问题与对数据业务日趋复杂化和智能化的需求。因此数据流通需在安全合规的前提下探索新的模式，隐私计算就是一种解决该平衡问题的技术切入口。

准确而言，隐私计算作为隐私保护下的数据价值挖掘技术体系，是指可在数据提供方不泄露敏感数据的前提下，对数据进行分析计算并验证计算结果的一系列信息技术。利用隐私计算可以在数据全生命周期的各个阶段实现数据的"可用不可见"效果，从而使数据在隐私保护下安全流通。概括而言，可以将隐私计算理解为面向隐私信息全生命周期保护的计算理论和方法，其涵盖数据所有方、收集加工方、发布方和使用方在数据收集、存储、使用、加工、传输、提供和公开等数据全生命周期中的所有计算操作，如图 3-1 所示。

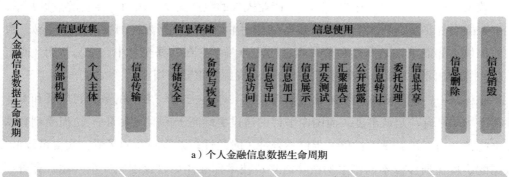

a）个人金融信息数据生命周期

b）隐私计算在数据全生命周期中起到的作用

图 3-1 数据全生命周期和隐私计算在其中的作用

隐私计算不是一门单一的学科，而是一个融合了密码学、人工智能、计算机科学乃至安全硬件的跨学科领域。近年来，隐私计算发展极为迅速。例如，在智能营销领域，企业间通过数据协作对数据进行处理分析，能够从更多维度进一步了解用户的消费习惯和喜好，从而提供有针对性的服务，在提升用户使用体验的同时，也降低了企业的营销成本。在协作的过程中，企业需要保护自身的客群信息以及用户的隐私信息，由此产生了涵盖隐私查询、联邦数据分析和建模等的多种隐私计算保护方法和方案。图 3-2 大致给出了隐私计算技术的发展轨迹。

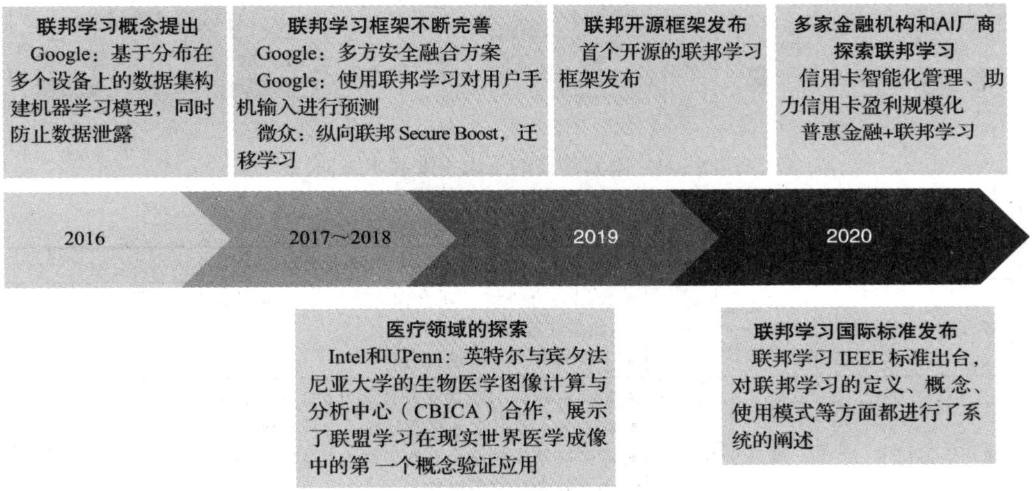

联邦学习概念提出	联邦学习框架不断完善	联邦开源框架发布	多家金融机构和AI厂商探索联邦学习
Google：基于分布在多个设备上的数据集构建机器学习模型，同时防止数据泄露	Google：多方安全融合方案　Google：使用联邦学习对用户手机输入进行预测　微众：纵向联邦 Secure Boost，迁移学习	首个开源的联邦学习框架发布	信用卡智能化管理、助力信用卡盈利规模化　普惠金融+联邦学习
2016	2017～2018	2019	2020
	医疗领域的探索　Intel和IUPenn：英特尔与宾夕法尼亚大学的生物医学图像计算与分析中心（CBICA）合作，展示了联盟学习在现实世界医学成像中的第一个概念验证应用		联邦学习国际标准发布　联邦学习 IEEE 标准出台，对联邦学习的定义、概念、使用模式等方面都进行了系统的阐述

图 3-2　隐私计算技术的发展历史

隐私计算作为一个交叉技术体系，目前被广泛接受的技术方向包括多方安全计算（Secure Multi-Party Computation，SMPC）、联邦学习（Federated Learning）和可信执行环境（Trusted Execution Environment，TEE），如图 3-3 所示。此外还有支撑性的算法或应用技术。

多方安全计算代表纯基于密码学的技术，联邦学习代表人工智能和密码学融合的技术，可信执行环境代表基于可信硬件的技术。除此之外，诸如同态加密、差分隐私等技术也被广泛采用，其或融入上述技术方向中作为方案的一部分，或被独立采用。值得一提的是，这几类技术并不互斥，在实现业务目标时往往根据特定场景按需使用，甚至协同使用。隐私计算技术方向的简要对比见表 3-1，资料来源为行业实践公开材料。

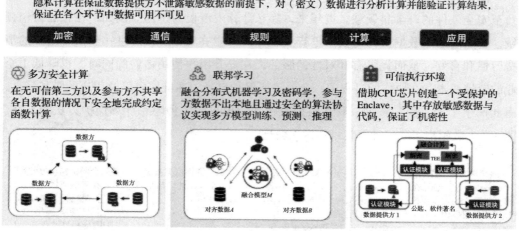

图 3-3　隐私计算的三大主要技术方向

表 3-1　隐私计算技术方向的简要对比

技术方向	技术	案例场景
多方安全计算技术	不经意传输	• 数据融合查询：联合白 / 黑名单查询，敏感信息联合数据统计（如医疗等领域） • 供应链和上下游统计分析
	秘密分享	
联邦学习技术	联邦学习	• 企业内跨部门联合业务智能分析 • 跨地域 / 跨国业务智能分析（合规、画像等） • 营销场景中的联合获客、联合反欺诈 • 小微联合信贷反欺诈 • 政务开放中数据资源的定向使用
可信执行环境技术	可信执行环境	• 隐私身份信息的认证比对 • 数据资产所有权保护 • 智能合约的隐私保护和链上数据机密计算
其他	差分隐私	• 客户群体画像 • 去标识化（敏感 ID）业务：对个人使用习惯、偏好、地址等做统计分析（如 Chrome 浏览器体验提升、Emoji 输入推荐等）
	同态加密	• 通用技术，多用于联邦学习等场景

我们会在 4.3 节介绍上述技术方向及其在实践中的应用。

3.1.1　多方安全计算

多方安全计算是指在无可信第三方的情况下，多个参与方共同计算一个目标函数，并且保证每一方仅获取自己的计算结果，而无法通过计算过程中交互的数据对任意其他方的计算结果进行推测[○]。

图 3-4 展示了多方安全计算简史（来自公开信息和 CB Insights 中国）。其最早开始于姚期智提出的两方安全计算问题，也就是著名的"百万富翁问题"。在此之后，相关的密码学技术持续发展，到 2004 年第一个多方安全计算产品问世。自 2019 年之后，国内的多方安全计算技术迅速发展，涌现了一大批有特色的企业和产品。

图 3-4 多方安全计算简史

3.1.1.1 基础技术原理

为了让读者更容易理解多方安全计算技术，本节列举其中的主要技术，同时忽略在当前技术和商业化产品中不太成熟的纯硬件实现，其基础技术总体包括密码学基础协议和算法类应用，如图 3-5 所示。我们将分别介绍相关技术。

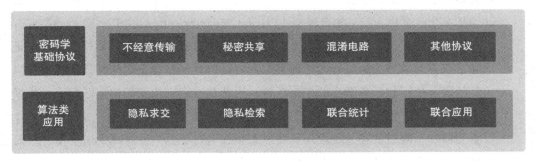

图 3-5 多方安全计算技术的组成

密码学基础协议涉及如下概念。

❑ 不经意传输：数据发送方发送一批数据，接收方只能从中选取一条而不能获得其他数据信息，同时发送方不知道接收方的选择。需要注意的是，不经意传输

○ 严格说，这里需要排除"函数"本身可以由自己的输入和获得的输出推测出其他参与方输出的情况。比如，两方参与计算 $A+B$ 的值，此情形下多方安全计算并不有效。

是一个基础协议，是混淆电路、GMW 协议等的基础之一，同时可以用于实现隐私求交和隐私检索等功能。在后文有详细描述。

❑ 秘密共享：在多参与方情形下，将秘密分片并交由各参与方保存，参与方合作对分片秘密进行约定的安全计算，只有计算结果相同的分片数高于一定比例（或者全部计算结果都相同）时，才能完全恢复秘密。秘密共享在多方安全计算技术体系中通信量较低，通常用于构造四则运算和更复杂的运算。后文有详细论述。

❑ 混淆电路：该提法最早来源于姚期智院士，所以又被称作"姚氏电路"。在计算机原理中，所有计算问题都可以转换成电路的形式，比如 CPU 的运算器就是由基础的加法电路、乘法电路、比较电路等组合而成的，各种电路又是由与门、非门、或门、与非门等逻辑门电路组成的。混淆电路使用布尔电路来构造安全函数，经典混淆电路的加密和扰动是以"门"为单位的，每个门都有相应的真值表。混淆电路可以在计算中保障不会将一方的输入泄露给其他方，同时也能指定计算结果的获取方。可以看到混淆电路适用于通用计算的场景，但是由于计算通信量大，通信轮数多，所以只在通信带宽高且延迟高的场景下使用，本书对此不做讨论。

算法类应用涉及如下概念。

❑ 隐私求交：全称为隐私集合求交（Private Set Intersection，PSI），是指参与双方在不泄露任何额外数据的情况下，得到双方持有数据的交集。额外数据指的是除了双方的数据交集以外的任何数据。可以将其认作多个机构实体进行保证隐私的联合数据和业务融合的先决条件，用其获取多机构间的数据匹配率、数据质量，并完成数据流通早期的数据画像工作。在实现隐私求交的过程中，不经意传输和布隆过滤器（或者其升级形态布谷鸟过滤器）可以减少通信量，从而极大地加速该过程。由于该技术的理论过于复杂，本书不做深入讨论。

❑ 隐私检索：全称为隐私信息检索（Private Information Retrieval，PIR），其能够保证数据使用方向数据拥有方提交查询请求时，可在数据拥有方不知道用户查询信息的条件下完成查询，达到不泄露查询信息的目的。典型案例包括在信贷历史查询场景下，数据使用方对查询信息有隐私保护的义务等。经典的隐私检索实现方法有基于不经意传输的方案、基于同态加密的方案以及基于关键字的方案（使用同态加密、插值法改造）等，本书不做详细讨论。

❑ 联合统计：多方在安全和保障隐私的条件下进行联合统计分析，需要保证在多方的数据分析工程中，数据和信息不被泄露。这是一类通用场景，适用于两方、多方进行联合数据分析的情形，如在联合营销方案中，将多方数据融合后构建客户画像等。可以完成联合统计的方法较多，除了多方安全计算，联邦学习和差分隐私在部分联合统计场景中也能实现相应功能。

❑ 联合应用：联合统计分析等功能适用的模型应用，本书不做详细讨论。

总体而言，由于多方安全计算完全采用密码学的方案，所以安全性有理论保障，但也正因为这样，其计算复杂度和通信量都较大，导致效率较低。同时，在实际的工程实践中，多方安全计算依赖的密码学方案，需要对密钥管理、通信网络架构等做细致的管理和设置，否则将出现密钥泄露等问题，造成严重的安全事故。此外，大量处理大数据量复杂业务造成的过大的通信量也更容易引发广播风暴。

本节接下来的内容将详细介绍不经意传输和秘密共享这两种经典的多方安全计算技术。

3.1.1.2　不经意传输

不经意传输（Oblivious Transfer，OT）是密码学中的一类多方安全计算协议，由 Rabin 于 1981 年首次提出。该技术假设有数据发送方和接收方两个角色，其要点是：

❑ 数据发送方发送一批数据（多于一条）；

❑ 接收方只能从中选取一条而不能获得其他数据信息；

❑ 发送方不知道接收方的选择。

其可以高效解决图灵奖得主姚期智院士早在 1982 年提出的 "百万富翁问题"：

两个百万富翁想知道谁更富有，但他们都不想让对方（或者任何第三方）知道自己真正拥有多少财富。那么如何计算谁更有钱？

这个问题是密码学中的经典问题，显然，不经意传输可以较为轻易地解决这类问题。

在 Rabin 最早期的版本中，发送方会发送一条信息给接收方，接收方以 1/2 的概率接收到信息。发送结束后，发送方不知道接收方是否接收到了信息。这样的方式显然效率不高，也不实用。下面是一个效率更高的方案：

❑ 查询方将真实查询项 K 与其他 $n-1$ 个干扰项共 n 条数据加密后发送给接收方；

❑ 接收方计算查询结果，将查询结果加密后发送给查询方；

❑ 查询方可以通过私钥解密查询项 K 的查询结果，无法解密其他 $n-1$ 个干扰项的查询结果；接收方也无法获知查询方真正的查询项是哪一项。

上述方案可以使用基于 RSA 的加密算法实现。也有研究者提出了基于椭圆曲线的实现方案等，以满足不同的场景需求。实际操作中，不经意传输经常被用于隐私求交、隐私检索等场景。

实例：匿踪查询"四要素"

匿踪查询就是上述的隐私检索，即"不留痕迹的查询"。在匿踪查询过程中，通过运用不经意传输技术，查询方可以有效隐藏查询对象的信息，数据接收方在返回查询结果时无法获知具体的查询对象，可保证在各方数据不出库的前提下完成查询。通常可使用不经意传输等技术来实现该功能（也有基于同态加密等其他隐私计算技术的方案）。

图 3-6 展示了匿踪查询的简要构架。

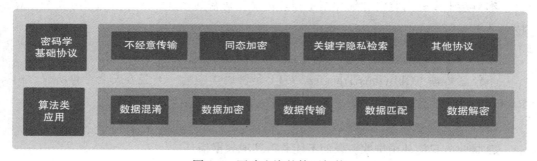

图 3-6　匿踪查询的简要架构

例如，如表 3-2 所示，保险公司希望核实投保人的姓名、身份证号、银行卡号以及预留手机号码这"四要素"的真实性和一致性，其可以通过匿踪查询，将真实查询项及干扰项加密后发送到数据提供方处进行查询，数据提供方将查询结果加密后返回给保险公司，保险公司仅可对真实查询项的结果进行解密。在下一节中将给出更详细的介绍。

表 3-2　二、三、四要素实名认证

核验字段	二要素	三要素	四要素
姓名	身份证实名认证	手机实名认证、银行卡实名认证	银行卡实名认证
身份证号			
银行卡号	N/A		
预留手机号码	N/A	N/A	

基于"四要素"的匿踪查询的产品样板如图 3-7 所示。可以确保保险公司无法获

得其他信息的查询结果，数据提供方无法定位到保险公司的真正客群，使双方数据的
隐私得以保护。

图 3-7　"四要素"匿踪查询的产品样板

3.1.1.3　秘密共享

秘密共享（Secret Sharing，SS）协议是另一类被广泛使用的多方安全计算协议，
指将要共享的秘密合理分配给一个用户群体，由所有成员共同掌管该秘密，以此达到
风险分散和容忍入侵的目的。该项技术发明较早（Adi Shamir 和 George Blakley 早在
1979 年就分别提出了该协议），是较早实现商业落地的多方安全计算技术之一。下面用
一个简单的问题来说明秘密共享协议的使用场景：

十一位科学家在从事一项秘密研究工作。他们把研究文件存放在一个保险柜中。
当且仅当六位及以上科学家在场的时候，才能打开保险柜取出文件。请问最少需要几
把锁？每个科学家需要的钥匙数目最少是多少？

秘密共享协议可以用于解决这类问题。根据 ISO/IEC 19592-1:2016 标准关于秘密
共享的定义，其通常含有三类角色：秘密分发者、秘密份额持有者和秘密接收者。该

技术的特点是（以 Shamir 或 Blakley 门限方案为例）：

❑ 秘密份额持有者有多个；

❑ 秘密分发者将原始数据 / 秘密信息分片；

❑ 每个秘密份额持有者只拥有秘密信息的某一分片；

❑ 仅靠少数秘密份额持有者无法还原原始数据 / 秘密；

❑ 秘密接收者持有超过一定数量的分片或者全部分片时才可以还原原始数据 / 秘密。

值得一提的是，秘密共享还有"同态"的特性，如图 3-8 所示，有特征 A 和 B，它们的值被随机分成碎片（X_1, …, X_n）和（Y_1, …, Y_n），并被分配到不同的节点（S_1, …, S_n）中，这些节点的运算结果的加和等同于 A 与 B 的加和。各节点可以在不交换任何数据的情况下直接对原始数据进行求和或求积。

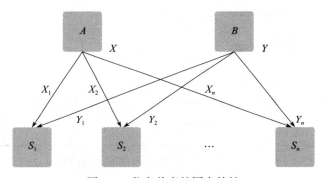

图 3-8　秘密共享的同态特性

这个特性使得秘密共享协议在构造多方加法运算、乘法运算以及更复杂的运算（比如，逐比特的与操作、异或操作也能使用定点数除法等方式构造除法等运算）时有一定优势。在实践中，秘密共享协议可以用于实现联合统计分析等需要更为复杂的运算的场景。

3.1.2　联邦学习

人工智能的落地应用往往需要大量的优质数据作为支撑，然而现今许多企业面临着数据样本不足、样本标准不统一、数据难以互通等问题。同时，随着隐私保护监管日渐严格，企业间的数据孤岛问题日益严峻，联邦学习就是在这样的环境下产生的。联邦学习技术的发展简史如图 3-9 所示（根据公开资料整理而得），其依赖的半同态密码技术发展较早，在 20 世纪 70 年代就开始了相关研究。但是联邦学习技术本身非常

"年轻"，于 2016 年由谷歌率先提出，后来各大型互联网企业都积极投入，国内的一些重要互联网和金融科技公司也都大力推动相关技术的研究和产品落地，涌现出类似微众银行的 FATE、百度的 PaddleFL、星环科技的 Sophon FL 等联邦学习产品。随着各企业开始将联邦学习在真实业务中落地，该技术在未来几年将迎来爆发性增长。

图 3-9　联邦学习技术发展简史

3.1.2.1　基础技术原理

在实际应用中，为适应不同业务场景中的数据情况，联邦学习主要分为横向联邦学习、纵向联邦学习、联邦迁移学习三类，如图 3-10 所示。

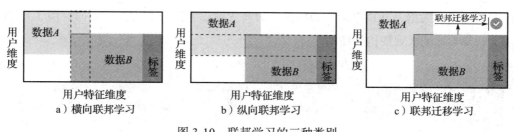

图 3-10　联邦学习的三种类别

横向联邦学习适用于各参与方之间业务相似、重叠特征多而重叠用户少的情况。例如不同地区的银行，它们的业务相似但是用户不同。横向联邦学习通过样本融合，提取出各参与方特征相同而用户不同的数据进行联合建模，帮助企业有效提高训练样本量，提高模型的准确度。

纵向联邦学习适用于各参与方之间重叠用户多而重叠特征少的情况。例如同一地区的银行和超市，它们的用户均为该地区的居民，但是业务不同，所以重叠特征较少。纵向联邦学习通过特征融合，提取出各参与方用户相同而特征不同的数据进行联合建模，通过丰富特征维度，有效利用各参与方的数据。

联邦迁移学习适用于各参与方之间重叠用户和重叠特征都较少的情况。例如 A 地

区的银行和 B 地区的超市，地域不同，它们的重叠用户自然少，业务不同也导致它们的重叠特征较少。迁移学习能够有效解决单边数据规模小和标签样本少的问题，从而提升模型的效果。

联邦学习使得多个参与方可以在保护数据隐私、满足合法合规的前提下继续进行机器学习。在工程实现上，严格满足以下核心要求，因此能够让多参与方在不暴露数据的前提下实现协作，使跨企业、跨数据、跨领域的大数据 +AI 生态建设成为可能。

❑ 各参与方的数据都保留在本地，不泄露隐私也不违反法规；

❑ 多个参与方联合建立虚拟的共有数据模型，形成共同获益的体系；

❑ 在联邦学习的体系下，各个参与方的身份和地位平等；

❑ 联邦学习的建模效果和将整个数据集放在一处建模的效果相差不大；

❑（联邦）迁移学习即使在用户或特征不对齐的情况下，也可以在数据间通过交换加密参数达到知识迁移的效果。

3.1.2.2 联邦学习架构与建模过程

本质上讲，联邦学习是一种利用多方异构数据、分布式机器学习算法和密码学协议，进行以"数据不动模型动"为特征的分布式数据智能分析的技术方向。图 3-11 展现了联邦学习的大致架构和使用流程。

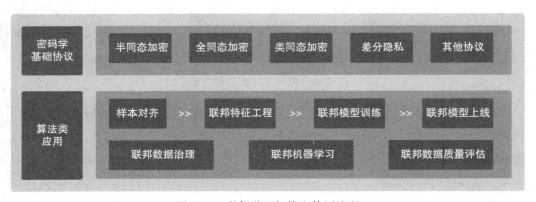

图 3-11　联邦学习架构和使用流程

为了避免歧义，图中三种同态加密和差分隐私的细节我们将在后续小节专门讲解。为了方便理解，这里罗列一些概念。

❑ 同态：一个数学概念，指两个集合内元素间的某种对应关系。

❑ 同态加密：明文空间存在两个元素 A 和 B，它们间的运算为 $A \cdot B$，明文空间的

加密函数为 Γ，如果存在一个算法 S，使得 $S(\Gamma(A)\cdot\Gamma(B))=\Gamma(A\cdot B)$，那么称 Γ 关于运算 "·" 是同态的。利用同态加密，可允许（一方或者多方）直接对已加密的数据进行处理，而不需要知道解密函数的任何信息，即其他方可以对加密数据进行处理而在处理过程中无法获取任何原始信息。

❑ 全同态加密：同时满足加减运算同态加密和乘除运算同态加密。

❑ 半同态加密：只满足加减运算同态加密和乘除运算同态加密中的一种。值得注意的是，加法同态加密和乘法同态加密不能相互导出。

❑ 类同态加密：只支持次数较少的加法和乘法运算，当运算次数较大时，会由于噪声过大而失去同态的性质。

❑ 差分隐私：在提供统计数据库查询时，通过引入适当的噪声，允许参与方共享数据集，并确保只会暴露需要共享的那部分信息。通常用来解决隐私泄露 / 差分攻击问题，如防止由插入或删除一条记录导致运算结果有差异，进而反推原始数据造成隐私泄露。该技术被广泛应用在推荐系统、行为 / 搜索日志分析、GIS 相关分析中。我们在后续章节会进一步介绍这部分内容。

在联邦学习中，根据各参与方的目的与需求，可将其分为三个角色：协调方、发起方以及参与方。常见的联邦学习三方架构如图 3-12 所示。

图 3-12　联邦学习三方架构

对图中各角色的说明如下。

- ❑ 发起方：联邦学习任务的发起方，负责提供数据（含标签）以及定义模型参数等信息。
- ❑ 参与方：负责提供数据（不含标签），与发起方进行联合建模。
- ❑ 协调方：负责提供算力节点，不提供数据，也无法获得任何明文数据信息。

3.1.2.3 联邦学习的建模过程与示例

与传统的数据建模相比，联邦学习因为涉及多方之间的数据建模，所以相应的建模步骤也更复杂一些，如图 3-12 所示。联邦学习的主要步骤包括联邦数据预处理和联邦模型构建。

（1）联邦数据预处理

对比通常的数据挖掘流程，联邦数据预处理一般包括样本对齐、联邦特征工程和联邦数据质量评估。

样本对齐是指在保证各参与方的样本无交集的前提下对样本求交，是进行后续建模流程的前提。技术上，隐私求交技术、散列算法、非对称加密算法（RSA）都是常见手段。

联邦特征工程对应于数据挖掘中的特征工程技术，但附加了多方数据和隐私不泄露的前提。在联邦学习和非联邦学习场景中，特征工程在以机器学习为主要手段的数据智能分析中耗费的建模时间和具有的重要性都是毋庸置疑的。在联邦学习中，联邦特征工程可以分成联邦特征与处理、联邦特征生成、联邦特征相关性计算和联邦特征选择，具体分类见表 3-3。

表 3-3 联邦数据预处理技术清单

联邦数据预处理	描述	算法	场景举例
样本对齐	在保证各参与方的样本无交集的前提下对样本求交	隐私求交、散列算法、非对称加密算法	联邦模型训练前（多方）数据的匹配率分析
联邦特征工程——联邦特征与处理	样本对齐后，基于各方加密后的虚拟融合数据，对特征进行预处理	联邦异常值发现、联邦缺失值处理、联邦数据标准化、联邦特征分箱等	联邦模型训练前（多方）数据特征的预处理
联邦特征工程——联邦特征生成	基于各方加密后的虚拟融合数据，根据实际建模需求，生成新的数据特征	特征编码、特征变换、特征衍生、多维特征交叉	联邦模型训练前（多方）为适应业务场景而生成新的数据特征
联邦特征工程——联邦特征相关性计算	基于各方加密后的虚拟融合数据，计算特征的相关性	IV 值、Pearson 相关性、WOE 指标、（NLP）语义相似性、（向量）特征召回	联邦数据质量评估
联邦特征工程——联邦特征选择	基于各方加密后的虚拟融合数据，根据各种评价指标，选择适合用来建模的特征	特征重要性、特征可解释性、特征模型贡献度	确定联邦模型训练使用的特征

联邦数据质量评估与通常的数据分析中的数据质量评估类似，在联邦学习的架构中，同样有数据治理、机器学习、质量评估等模块。这里可类比数据生命周期中常见的定义，由于内容较多，本节不赘述。值得注意的是，联邦数据质量评估可以围绕数据本身和加工后的数据（模型加数据）来进行，可作为数据要素流通中"数据要素定价"的重要组成部分。图 3-13 展示了联邦数据质量评估的某种产品样板。

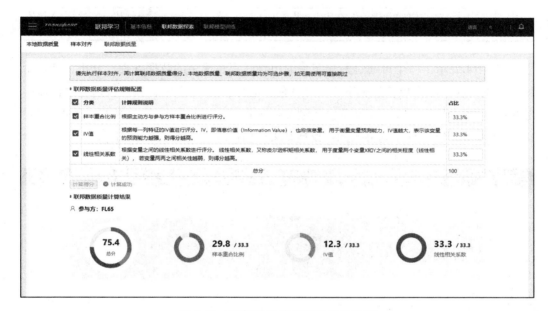

图 3-13　联邦数据质量评估产品样板

（2）联邦模型构建

对比通常的数据挖掘流程，联邦模型构建主要包括联邦模型训练和联邦模型上线两个步骤。

联邦模型训练对应于数据挖掘中的模型训练，包括但不限于分类（联邦 LR、联邦 SVM、联邦 XGBoost 等）、回归（联邦广义线性模型等）、无监督（联邦 K-means、PCA、编码等）和图计算（联邦图）等。具体分类见表 3-4。

表 3-4　联邦模型训练技术清单

联邦模型训练	描述	算法	场景举例
分类	联邦学习场景下，对数值型连续随机变量进行预测和建模的监督学习算法	联邦 LR、联邦 SVM、联邦 XGBoost 等	联邦风险人员/事件预测模型

（续）

联邦模型训练	描述	算法	场景举例
回归	联邦学习场景下，对离散型随机变量进行建模或预测的监督学习算法	联邦广义线性、联邦 XGBoost 回归模型等	联邦营销增长 / 趋势分析模型
无监督	联邦学习场景下，基于数据的内部结构寻找观察样本自然族群的无监督学习算法	联邦 K-means、PCA 等	联邦风险社群挖掘模型
图计算	对多方的知识图谱，在非明文数据出库的前提下进行联邦计算	联邦图	基于多方联合图谱的反洗钱风控

图 3-14 展示了一个可通过前端实现的包含联邦建模中的数据处理、分析、特征工程等全流程的产品样板（含联邦学习的设置、运行、效果模块），方便快速建立机器学习和深度学习模型。其中可以设置模型类型（分类、回归等）、模型选择（逻辑回归、联邦 XGBoost 等）、样本划分比例、模型结果评估标准定义等。

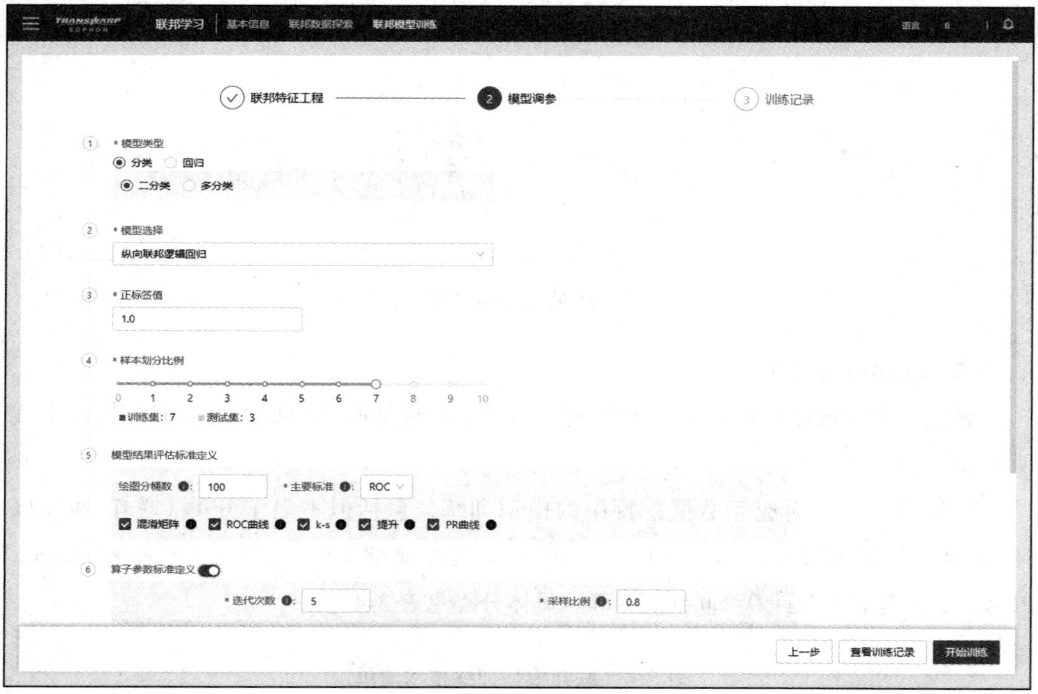

图 3-14 联邦学习建模过程

联邦模型上线对应数据生命周期的"发布、使用"阶段，此时在传统分布式机器学习框架下的上线流程基础上，需要额外定义模型使用方、数据提供方等角色，提供联邦模型的模型上架与发布上线功能。图 3-15 展示了一个联邦建模的运行流程样板：可以检查联邦学习的进度和流程的状态（样本对齐、模型配置验证、模型运行、模型评估等），并输出每一步的日志。

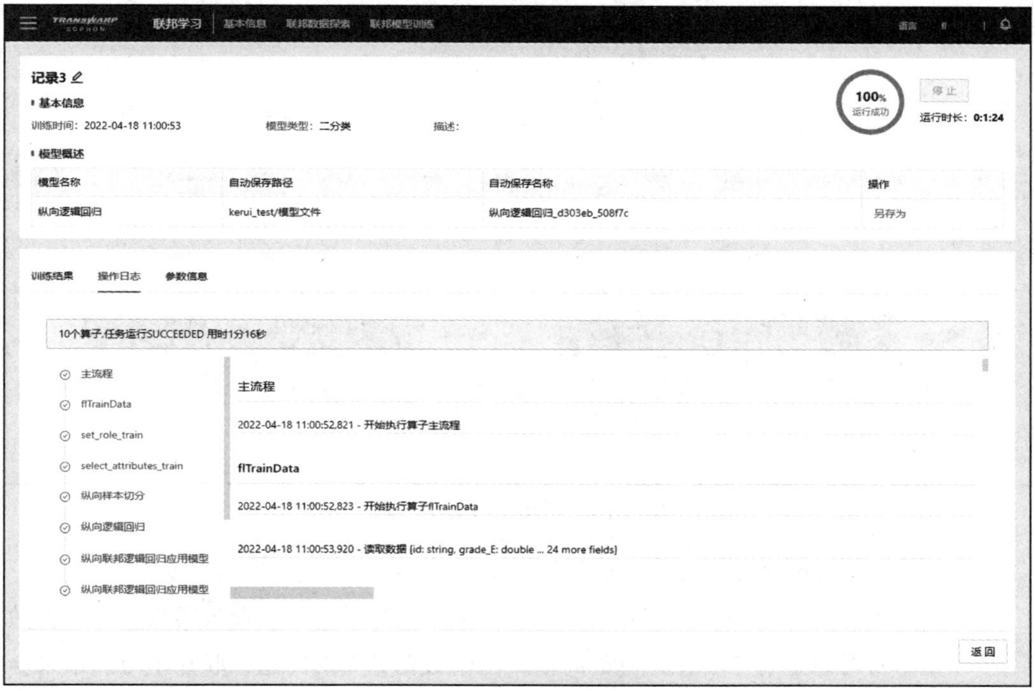

图 3-15　联邦学习运行流程

联邦建模的模型效果展示和评估对建模过程也非常重要，图 3-16 展示的是一个模型评估效果的示例，其中包括模型最终运行状态（完成、失败、提前中止等）和选定的模型效果评估（混淆矩阵、ROC 曲线、k-s 值、PR 曲线等），若预先指定数据分析建模的训练集和测试集，则会分别衡量不同集合上的效果。

3.1.2.4　小结

总体而言，联邦学习是一种加了隐私保护的机器学习技术。其最大的优势如前文所述，是为涉及多方的复杂智能数据业务（如需要机器学习建模的营销、风控、生物制药等场景）提供"数据不动模型动"的带隐私保护的分布式学习的可能，同时其计算、存储、通信等效率处在比较均衡的状态，在实践中具有较强的可落地性。

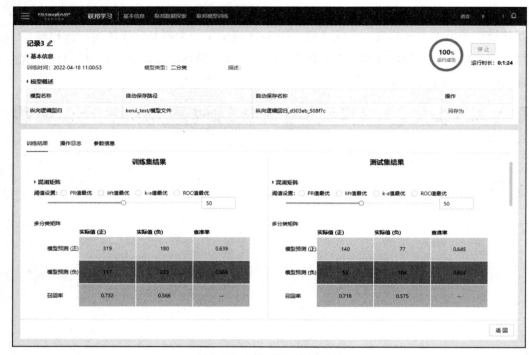

图 3-16　联邦学习效果展示

联邦学习中值得探讨的内容主要集中在以下几点：

❑ 如果抛开隐私保护的需求和因数据规模太大而导致的计算前置需求，那么在数据本身可以进行中心化计算的时候，由于数据分布的问题，联邦学习的结果会稍差于中心化计算的结果。在各参与方数据分布差距较大（或者异构、非独立同分布、标签偏倚等）时，还需要个性化联邦等额外的技术调校。

❑ 联邦学习是带隐私保护的机器学习，所以需要与额外的隐私计算技术协同使用，如前文提到的多方安全计算，以及后文会提到的可信执行环境、差分隐私等。

❑ 联邦学习所涉及的分布式计算在通信和资源分配上的表现通常优于纯多方安全计算方案，但也需要精细调整和研发更高效的技术。

❑ 应用的实例和更多细节可以参考 4.3 节。

3.1.3　可信执行环境

可信执行环境（Trusted Execution Environment，TEE）是由 OMTP（Open Mobile Terminal Platform）首先提出，定义为"一种软硬件组件，可以为应用程序提供必要的

设施"，能够应对软件和硬件攻击。后来 Global Platform（全球平台组织，一个跨行业的国际标准组织，致力于开发、制定并发布安全芯片的技术标准）首次发布可信执行环境的系统体系规范，成为行业事实标准。可信执行环境的架构图如图 3-17 所示。

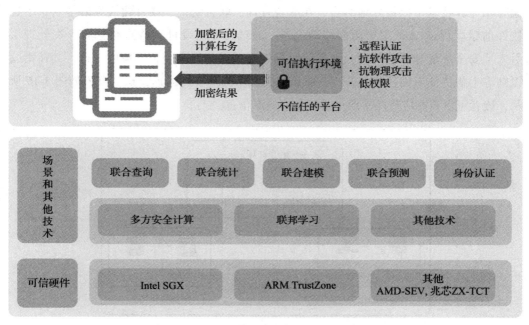

图 3-17　可信执行环境架构图

可信执行环境的发展简史如图 3-18 所示（根据公开资料整理而得）。可信执行环境由于主要依赖硬件实现，因此具有运算效率高和保证运行逻辑可信的特点，同时其与其他隐私计算技术可以很好地融合使用，进一步提升了安全性。但是可信执行环境本身强依赖于硬件环境，通常由芯片制造商设计和提供，这会对部分场景造成限制；同时，虽然其效率较高，但和明文计算相比，仍有一些差距。

早期	元年	硬件生产	体系规范	大量应用落地
2000年前后，Ben Pfaff等人开始研究"面向可信计算的一种虚拟机平台"	2010年前后，Open Mobile Terminal Platform给出可信执行环境的定义	2010年前后，ARM和Intel先后推出TrustZone和SGX	2011年，Global Platform（全球平台组织）首次发布可信执行环境的系统体系规范，成为行业事实标准	近年来，有大量可信执行环境的应用落地，如：生物特征识别、移动支付、媒体内容保护、云存储服务认证等

图 3-18　可信执行环境的发展简史

截至 2022 年，可信执行环境技术以 X86 指令集架构的 Intel Software Guard Extensions（SGX）技术和 ARM 指令集架构的 TrustZone 技术为主要代表。Intel SGX 可以将合法的程序封装如飞地（Enclave）运行，从而免于恶意软件的攻击，这使得该项技术和其他隐私计算技术可以极好地结合，在联合查询、联合统计、联合建模等诸多场景中有较好前景。TrustZone 主要面向移动设备，通过对原有硬件架构进行修改，在处理层引入了安全环境和普通环境，而任何时刻处理器仅在其中一个环境内运行，其在指纹识别等生物特征识别领域有着广泛应用。此技术当前发展迅速，认证流程如图 3-19 所示，读者可以在相应产品手册中找到更多更新信息。

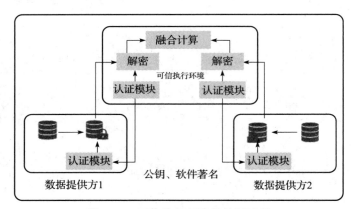

图 3-19　可信执行环境的认证流程

可信执行环境通过软硬件方法在中央处理器中构建一个安全区域，将系统的硬件和软件资源划分为两个互相隔离的执行环境——可信执行环境和普通执行环境。由于两个环境是安全隔离的，有独立的内部数据通路和计算所需的存储空间，因此可信执行环境可保证其内部加载的程序和数据在机密性和完整性上得到保护，普通执行环境内的应用程序无法访问可信执行环境。在可信执行环境内部，多个应用程序的运行环境也是相互独立的，不能无授权而互访。

可信执行环境的核心功能是提供运行时的环境安全，安全性取决于硬件环境以及内部实现，并在使用时需要与外部应用进行交互配合。可信执行环境的安全性依赖于第三方的信任根（例如采用 Intel SGX 方案时需要依赖 Intel）。可信执行环境的设备结构一般由执行环境和存储区域构成。

❑ 执行环境：可信执行环境通常包括两个执行环境，分别为富执行环境（Rich Execution Environment，REE）和可信执行环境。两个执行环境的区别在于，后者的组成部分是可信的，同时可以进行各类其他类型的隐私计算；而前者是公开的，在使用其他隐私计算技术时，需要进行细致设定。

❑ 存储区域：可信执行环境通常包括两种存储区域，分别为外部永久存储器和非永久存储器。注意，这些存储器与可信执行环境和富执行环境相互独立。

3.1.4　同态加密技术

同态加密（Homomorphic Encryption）是一种基于数学计算加密的密码学技术，其概念可以追溯到 20 世纪 70 年代末。它可以保证对加密后数据进行特定运算（如四则运算）的结果，与对未加密数据进行相同运算后再加密的结果相同。同态加密的发展简史如图 3-20 所示（根据公开资料整理而得）。

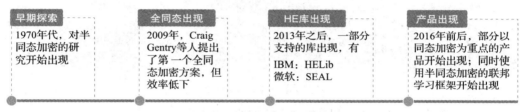

早期探索	全同态出现	HE库出现	产品出现
1970年代，对半同态加密的研究开始出现	2009年，Craig Gentry等人提出了第一个全同态加密方案，但效率低下	2013年之后，一部分支持的库出现，有 IBM：HELib 微软：SEAL	2016年前后，部分以同态加密为重点的产品开始出现；同时使用半同态加密的联邦学习框架开始出现

图 3-20　同态加密的发展简史

具体而言，"同态"的严格定义如下：

❑ 明文空间存在两元素 A 和 B；

❑ 元素间运算的运算符为"·"，或者说做的运算为 $A \cdot B$；

❑ 明文空间的加密函数（使用公钥加密）为 Γ；

❑ 如果存在一个算法 S，使得 $S(\Gamma(A) \cdot \Gamma(B)) = \Gamma(A \cdot B)$，那么称 Γ 关于运算"·"是同态的。

假设 Γ 存在解密函数（使用私钥解密）Γ^{-1}，图 3-21 展示了加法运算的同态加密简单示例。

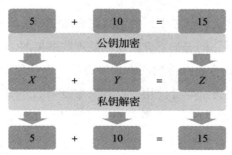

图 3-21　加法运算同态加密示例

同态加密有三种实现方式，主要包括：全同态加密（FHE）、半同态加密（PHE）和类同态加密（SWHE）。其架构见图 3-22。

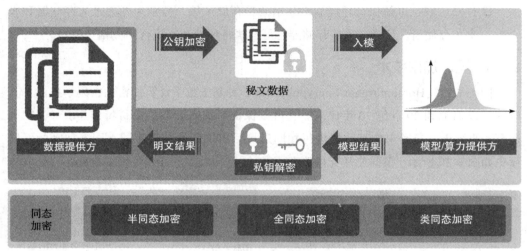

图 3-22　同态加密架构

表 3-5 列举了一些常见的同态算法和它们的应用场景。

表 3-5　同态加密的算法与应用场景

类型	子类	算法	应用/场景
全同态加密		CKKS 算法	浮点数近似计算
		FHEW 算法	支持任意布尔电路
半同态加密	乘法同态	RSA 算法	非随机化加密，一般在非同态加密场景下广泛使用
		ElGamal 算法	广泛应用于数字签名
	加法同态	Paillier 算法	广泛应用于联邦学习
类同态加密		BGN 算法	任意次加法和一次乘法

由于同态不要求对所有运算步骤做多方安全计算操作，所以其性能相较多方安全计算具有较大优势。同时，半同态加密算法一般较全同态加密算法有数十倍甚至百倍的效率优势，所以在联邦学习任务中，使用的同态加密算法一般是"半同态"的。

但需要注意的一点是，同态加密方法较难处理数据集的（隐私）求交等问题。所以在数据对齐等场景中，较少直接使用同态加密方法。在稍复杂的场景中，同态加密算法也常常和其他隐私计算方法联合使用，以解决更复杂的问题。比如在 Ivan Damagard 等人提出的涵盖 $n-1$ 个恶意敌手⊖的多方安全计算协议 SPDZ 中，就将公钥密码计算

⊖ 即只有一个可信参与方。

等需要大量计算但无须对集合求交并补的操作置于离线阶段，并使用了同态加密技术；在只需要少量计算的在线阶段，则使用了前文提到的秘密共享技术。

3.1.5　差分隐私

差分隐私（Differential Privacy，DP）始于 Dwork 于 2006 年提出的针对数据库隐私泄露的一种新型密码学技术，其可以确保参与方无法进行差分攻击（通过分析所得到的数据得出数据集中是否包含某一特定实体）。差分隐私的发展简史如图 3-23 所示（根据公开资料整理而得）。

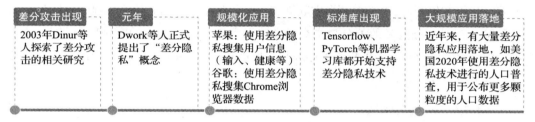

图 3-23　差分隐私的发展简史

差分隐私分两种。

本地差分隐私：在计算前给敏感数据添加特定噪声来保护隐私（适用场景如：数据收集方不可信），如图 3-24a 所示。

全局差分隐私：给计算结果添加特定噪声来保护隐私（适用场景如：只需要样本统计信息或者统计量而非明细信息），如图 3-24b 所示。

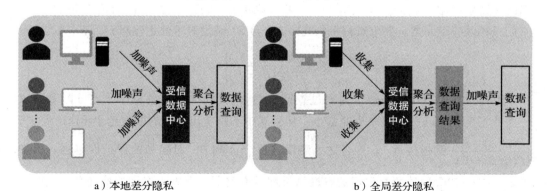

a）本地差分隐私　　　　　　　　　　b）全局差分隐私

图 3-24　本地差分隐私和全局差分隐私

上图展示了本地差分隐私和全局差分隐私的流程和异同，图 3-24a 展示的本地差分隐私，数据先在本地做差分，添加数据噪声后再传输给远端的受信数据中心，主要用于数据收集方不可信或者有个人隐私泄露风险的场景，如使用 Chrome 浏览器来查看统计数据的场景。由于各方数据在做聚合分析前已经加了噪声，因此聚合分析的结果可能会不太准确（如关键列包含噪声，数据表之间的关联和聚合会不准确），因此一般用于一些查询与检索的场景。图 3-24b 展示的是全局差分隐私，数据直接提交到远端的受信数据中心，在计算过程中再添加数据噪声，因此对受信数据中心的要求比较高，主要用于对敏感信息的查询统计报表等业务场景。一个典型的使用场景是某数据库的样本特征是隐私信息，明细信息不能外泄，只允许查询其样本集统计信息（如分位数、方差、分组均值等）。由于涉及多方数据交互，因此差分隐私的计算过程中同样存在安全风险，针对差分隐私的差分攻击会导致隐私泄露，本节最后的实例部分将会介绍。本节中会重点介绍差分隐私机制的原理和常见机制（Laplace 机制），并给出差分隐私机制与 SQL 联合使用的案例。

3.1.5.1 ε– 差分隐私

在差分隐私中，一般使用一种称作"敏感度"的指标衡量"只有一个值变化时查询的变化大小"。它的定义是：假设查询为 Q：$\mathbb{N}^{|x|} \to \mathbb{R}^k$，那么 Q 的 L_1– 敏感度（L_1–sensitivity）是

$$\Delta Q = \max_{\forall A, B \in \mathbb{N}^{|x|}, |A-B|=1} |Q(A) - Q(B)|_{L_1}$$

这里 $|A-B|=1$ 指 A、B 两集合只相差一个元素。显然，ΔQ 越大，意味着只变化一条记录对查询结果的影响越大。有了敏感度，我们就可以量化地表达差分隐私的核心思想（篇幅所限，我们这里只介绍 ε – 差分隐私），假设 $\forall A, B \in \mathbb{N}^{|x|}$ 为两个非空集合，它们只相差一个元素，要求查询机制 Q：$\mathbb{N}^{|x|} \to \mathbb{R}^k$ 满足对于任意输出 Γ，有

$$\sup_{\Gamma} \log \left| \frac{P(Q(A) = \Gamma)}{P(Q(B) = \Gamma)} \right| \leqslant \varepsilon$$

其中 $\varepsilon > 0$，$P(Q(A) = \Gamma)$ 为通过查询机制 Q 得到结果 Γ 的概率，差分隐私要求一条数据变化引起的该概率也非常小。从公式中不难看出，ε 的取值越小（越接近 0），$\left| \frac{P(Q(A) = \Gamma)}{P(Q(B) = \Gamma)} \right|$ 就越接近 1，换言之，越没法区分 A 和 B，对隐私的保护性越强。但如果取 $\varepsilon = 0$，就会导致所有数据的查询结果都没有差别，即失去查询的精确性。也就是说在差分隐私的框架下，对 ε 的大小和分布的设置需要格外注意。表 3-6 总结了这个问题。

表 3-6　ε 取值与隐私保护性和查询精确性的关系

ε 取值	隐私保护性	查询精确性
$\varepsilon \searrow 0$	提升	下降
$\varepsilon \nearrow \infty$	下降	提升

当 ε 的取值合适时，攻击者无法很好地区分 A 和 B 的查询结果，即无法获取某一条特定信息的特征，这样就能做到对差分攻击的防范。

3.1.5.2　Laplace 机制

Laplace 机制是满足上述 ε – 隐私要求的常用差分隐私机制之一，定义 Laplace 机制为 $M_{\mathrm{Laplace}}(X, \mathcal{Q}(\cdot), \varepsilon) = \mathcal{Q}(X) + (Y_1, \cdots, Y_k)^{\mathrm{T}}$，其中 $Y_i \sim \mathrm{Laplace}\left(\dfrac{\Delta \mathcal{Q}}{\varepsilon}\right)$ i.i.d.。这也是 Laplace 机制名称的由来。令 $M_{\mathrm{Laplace}}(A, \mathcal{Q}(\cdot), \varepsilon)$ 的概率密度函数为 P_A，$M_{\mathrm{Laplace}}(B, \mathcal{Q}(\cdot), \varepsilon)$ 的概率密度函数为 P_B，简单计算可以得到 $\forall Z \in \mathbb{R}^k$，有

$$\frac{P_A(z)}{P_B(z)} = \prod_{i=1}^{k} \frac{\exp\left(-\dfrac{\varepsilon(\mathcal{Q}(A) - z_i)}{\Delta \mathcal{Q}}\right)}{\exp\left(-\dfrac{\varepsilon(\mathcal{Q}(B) - z_i)}{\Delta \mathcal{Q}}\right)} \leq \prod_{i=1}^{k} \exp\left(-\dfrac{\varepsilon(\mathcal{Q}(A) - \mathcal{Q}(B))}{\Delta \mathcal{Q}}\right) \leq e^{\varepsilon}$$

此时，$\sup\limits_{\Gamma} \log \left| \dfrac{P(\mathcal{Q}(A) = \Gamma)}{P(\mathcal{Q}(B) = \Gamma)} \right| \leq \varepsilon$ 和 L_1 – 敏感度 $\Delta \mathcal{Q}$ 就联系到了一起。此即差分隐私中最为常见的 Laplace 机制。图 3-25 中的例子是在对年龄进行直方图查询（即分桶频率）时，使用 Laplace 机制实现本地差分隐私的例子。可以发现，加入噪声扰动后的数据和原始数据有偏差（表现为图中点不在对角线上），但是加入噪声前后的直方图中的统计数值没有变化。

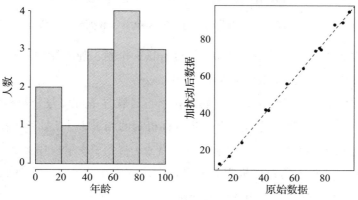

图 3-25　使用 Laplace 机制实现本地差分隐私

我们给出一个简单的示例（如图 3-26 所示）来进一步解释差分隐私的原理。在没加噪声的情况下，攻击者使用如下差分攻击手段（严格意义上的描述见 3.1.5.1 节）。

第一步：查询包含 ID 为 3 的病人的集合 A_1 的特征值总和。

第二步：查询不包含该病人的集合 A_2 的特征值总和。

第三步：两者相减即可得到该病人的特征值。

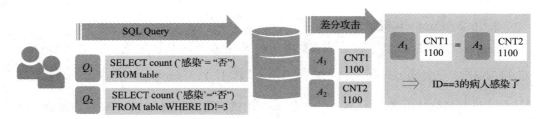

图 3-26 差分攻击示例

差分隐私的解决之道是，提供差分隐私聚合函数（如本文介绍的 Laplace 策略），在加入符合结果分布的噪声的同时保证数据分布不发生改变，从而避免泄露单条隐私数据，如图 3-27 所示。

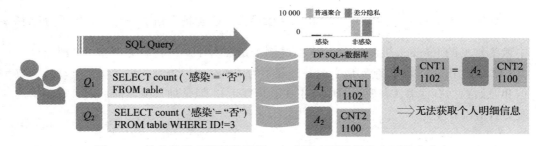

图 3-27 差分隐私查询结果示例：加入噪声后数据分布不发生改变

更多常用的差分隐私算法或机制，如 Laplace 机制、随机化回答机制的理论和应用，读者可以参考相应论文做更深入了解。

从我们的介绍中可以看出，差分隐私技术本身就具备全局差分隐私和本地差分隐私两个分支。因为其高度适应性，在限定查询机制的场景中（比如苹果搜集用户信息、谷歌 Rappor 系统搜集浏览行为数据甚至人口普查）得到了大量应用。

但是，由于其对不同查询机制需要设计相应的随机化方法，会加大开发复杂度；加之在中小数据量情况下，会引入较大的误差，使得其适用场景有一定受限。

3.1.6 隐私计算技术小结

本节介绍了三种主要的隐私计算技术方向：多方安全计算、联邦学习和可信执行环境，以及两种其他隐私计算技术：同态加密和差分隐私。介绍了这些技术原理、发展历史、技术特点和使用范围。图 3-28 展现了隐私计算技术的全貌。

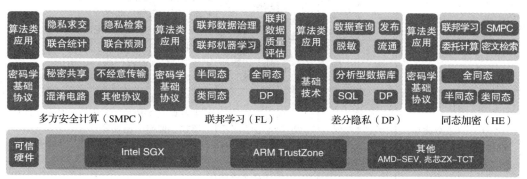

图 3-28 隐私计算主流技术

下面简要概括一下。

☐ 多方安全计算技术方向：不经意传输、秘密共享均为成熟的多方安全计算协议，安全性与通用性高，但算力消耗与通信开销较大，同时密钥管理要求较高。

☐ 联邦学习技术方向：综合运用隐私计算相关技术，实现了各方原始数据不出库情况下的 AI 建模协作，但隐私保护的密码学验证不如多方安全计算强。

☐ 可信执行环境技术方向：通过隔离的执行环境完成多方安全计算，进一步提高安全性，但依赖于特定硬件。

☐ 同态加密技术：已在多方安全计算、联邦学习等隐私计算场景中落地运用，半同态加密通信量小，全同态加密通信量较大。

☐ 差分隐私技术：通过加噪声的方式解决数据库的隐私泄露问题，已经有较为成熟的应用，但是使用范围因其加入的扰动而受限。

各个隐私计算技术对比如表 3-7 所示。

表 3-7 隐私计算技术对比表

技术方向	技术	性能	通用性	安全性	成熟度	案例场景
多方安全计算	不经意传输	中 / 低	高	高	产品化落地	• 数据融合查询，例如：联合白 / 黑名单查询，敏感信息联合数据统计（如医疗等领域） • 供应链和上下游统计分析
	秘密共享					

（续）

技术方向	技术	性能	通用性	安全性	成熟度	案例场景
联邦学习	联邦学习	中	中	中	有产品化落地，发展较块	• 企业内跨部门联合业务智能分析 • 跨地域 / 跨国业务智能分析（合规、画像等） • 营销场景中的联合获客、联合反欺诈 • 小微联合信贷反欺诈 • 政务开放中数据资源定向使用
可信执行环境	可信执行环境	高	高	依硬件条件	产品化落地，依赖硬件发展	• 隐私身份信息的认证比对 • 数据资产所有权保护 • 智能合约的隐私保护和链上数据机密计算
其他	差分隐私	高	低	中	产品化落地较多	• 客户群体画像 • 去标识化（敏感 ID）业务：对个人使用习惯、偏好、地址等做统计分析（国外如 Chrome 浏览器体验提升、Emoji 输入推荐等）
	同态加密	低	中	中	产品化早期	• 通用技术，多用于联邦学习等场景

3.2 数据流通中价值的度量方法

在第 1 章，我们介绍了数据要素的四个重要方向：数据权属、数据安全、数据价值与数据流通。数据价值是指在数据的生命周期中，使用者通过分析手段将数据的属性或内容转换成了具有业务目的的信息，进而实现的降本增效数量。国内外的实践均表明，数据要素市场化配置是不断演化的动态过程。

从图 3-29 可以清楚看到上述四个方向在整个数据流转过程中的作用。同时可以发现，找到数据价值的度量方式，可以从源头上量化从原始数据到数据资源的转化，还可以极大地保障数据要素市场释放数据资源的优势。

图 3-30 援引自国务院发展研究中心的提升政府治理能力大数据应用技术国家工程实验室于 2022 年发表的一篇调研报告[84]，我们可以看出，在数据确权和定价方面，近 121 份由政府部门、企业、科研机构、高等院校、社会组织等构成的问卷研究中，有 50% 的受访者认为，当前因"缺乏统一价值度量标准"，难以形成标准化数据资产评估体系，导致数据定价难。

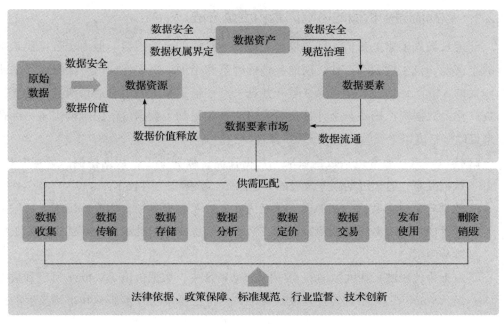

图 3-29　数据要素市场化配置的动态过程图

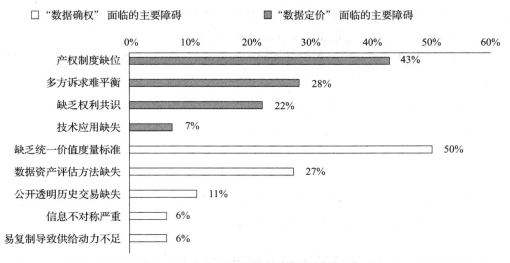

图 3-30　国务院发展研究中心《我国构建数据要素市场的挑战与建议》关于数据确权和
　　　　　定价问题的调研报告

　　为了解决这一问题，本节会继续深化对数据价值度量标准的讨论。

3.2.1 数据流通中价值的影响因素和度量方法

要度量数据要素的价值，就要综合考虑影响价值的多种因素。但由于数据要素本身的丰富性、自生性和动态性，因此评估的因素和维度也是多样的。中国资产评估协会印发的《资产评估专家指引第 9 号—数据资产评估》和中国信息通信研究院的《数据资产化：数据资产确认与会计计量研究报告》都提到了数据价值的影响因素，综合起来可以概括成以下四大因素。

- ❑ 技术因素：通常包括数据获取、数据存储、数据加工、数据挖掘、数据保护、数据共享，直至近期高速发展的数据隐私、数据安全等技术。
- ❑ 数据容量：由数据的来源或者承载方式，以及数据量综合构成，由于大数据等技术的发展和数字化浪潮的深化，数据容量也成为了数据价值评估定价的重要影响因素。
- ❑ 数据价值密度：在大数据的 4V 或者 5V 特征中，数据价值（Value）密度和数据量（Volume）大小有时候是成反比的，但价值是推动技术研究和市场发展的内生决定性动力。
- ❑ 数据应用的商业模式：通常包括提供数据服务模式、提供信息服务模式、数字媒体模式、数据资产服务模式、数据空间运营模式、数据资产技术服务模式等诸多模式，这些都会深刻影响数据价值的评估方式。

还可以从数量、质量、应用和风险四个维度进一步阐述数据价值的评估方式[4]。其中：

- ❑ 数据的数量和质量是价值的基础，数量由数据量大小和覆盖领域构成；
- ❑ 质量由数据的真实性、完整性、准确性、动态性和获取成本构成；
- ❑ 数据的应用是数据价值在不同领域中的具体体现，由稀缺性、时效性、经济性和有效性构成；
- ❑ 风险是数据应用必须要考虑的问题，由法律限制、道德约束和安全风险构成。

表 3-8 给出了这四大维度的要点和详细构成。

表 3-8　影响数据流通中数据价值评估的四个维度

主要维度	要点
数量维度	数据量：表示数据的数量大小
	广泛性：表示数据覆盖领域的广泛性

（续）

主要维度	要点
质量维度	真实性：表示数据的真实程度，来源和记录过程是否可靠
	完整性：表示数据的完整程度，被记录对象的相关指标是否完整
	准确性：表示数据被记录的准确性
	获取成本：表示获取数据所花费的人力、物力成本，获取数据时的成本是评估数据价值的重要考量因素
应用维度	稀缺性：表示数据资产的稀缺程度，反映数据的被独占程度
	时效性：表示数据在特定时间范围有效
	有效性：表示数据资产在应用中能够达到怎样的效果
	应用经济性：表示在不同的情形下，数据体现的价值不同
风险维度	法律限制：法律限制了数据的交易和使用
	道德约束：部分数据应用、交易存在道德风险
	安全风险：数据存在被盗用或破坏的安全风险

如第 1 章所述，按照传统的经济学理论，在完全竞争条件下，价格取决于使用价值和供求关系，但数据要素有其特殊性，造成了定价困难。我们参考了相关的论文[89-94]，总结相关度量方法的特性与难点，具体见表 3-9。

表 3-9　影响数据流通中数据价值度量的特性和难点

数据价值特性	子类	描述
边际成本问题	无限复制性	● 在同一数据上可以承载多方主体的数据权利（"一数多权"） ● 随着信息系统的发展，数据一旦被收集、加工完成，就可以被无限复制和分享。比如借助互联网的数据分享
	非竞争性	● （一定程度内）使用者增多不降低数据本身价值。于是用传统"出价最高者得"的挂牌交易机制来交易数据不再是最有效的资源配置方式 ● 数据类似"太阳能"，数据提供方使用但并不影响他人对其使用，如公共数据平台提供的数据公共服务等
	成本递降性	● 数据流通过程中，数据生命周期中的加工、收集、存储等过程的成本随着科技进步（如摩尔定律）而降低。比如在存储领域，据 IDC 测算，数据存储成本已从 2012 年的 2 美元/兆字节下降到 2020 年的 0.2 美元/兆字节
	外部性	● "外部性"指信息给第三方带来的成本或收益 ● 正面的例子：脱敏医学影像数据公开，催生了基于图像分析技术对如乳腺癌等疾病的精准预测，ImageNet 数据集的公开引发了深度学习革命，开拓了视觉分析领域的新兴市场 ● 负面的例子：Facebook 存储使用了用户 ID、姓名以及电话号码等信息，并使用了照片"标记"技术，造成了用户隐私泄露问题，2019 年支付 50 亿美元罚款 ● 价格外部性问题：同时数据价格的公开会泄露数据的价值

（续）

数据价值特性	子类	描述
价值不确定性	事前不确定性	• 买方交易前不了解数据的信息，因此无法准确评估价值；但是如果了解了全部数据信息，该数据的价值对买方会降低
	协调性	• 不同场景、不同参与方对同一份数据的价值衡量标准不同
	自生性	• 多来源的数据组合会产生新的数据资产，并增加数据价值
	网络外部性	• （一定程度内）数据产品的使用者越多，那么价值越高。如 Google、阿里等数据产品用户较多，价值反而更高
	质量、体量、整合效应	• 数据准确度越高，价值越大，同时数据使用方有准确的经验更有利做决策，提升数据价值；但是数据量的增大（或者整合程度加深）和决策的改善不是始终成正相关 • 如 Amazon 等企业的实践表明：数据量和决策效果的关系，是一个先增后涨的上凸曲线
	动态性	• 在大部分场景中，只有最新的数据才有价值；同时，数据的使用本身就是动态的过程，这也造成了数据价值是随环境、时间变化而变化的 ☐ 场景动态：如营销场景中的客户精准画像、风险控制领域的用户实时异常行为等，推理用户的实时消费意图 ☐ 时效动态：在金融场景融合多方信息形成"事件实体"和"事件关系"，能针对突发事件（如地震、海啸等自然灾害，国与国之间贸易或热战等）做出实时推理
	异质性	• 同类型数据的数据价值没有多来源、异质的数据对决策和行为帮助大；但是过度的异质数据会带来一些悖论（如辛普森悖论等），需要额外处理 • 如互联网类型行业有严重的马太效应和重尾效应：异质性不够会出现（营销）商品同质化，降低数据的商业价值；罕见的（营销）结果可能带来高回报，但是，这通常意味着在众多异质和低质量数据中挖掘，难度较大

此时有两种主流的学界观点来阐释"数据定价"问题[2]：

☐ 数据定价是"数据所有者为了将所掌握的数据集推向数据市场、追求最大利润，从而给每个数据集制定合理价格的过程"；

☐ 数据价格"除反映市场供求关系外，还应充分考虑数据所属的领域、类型、存储过程以及应用场景等"。

本书中，我们会结合上述两种观点，并考虑数据价格受其自身特性影响的事实：一是数据可以多次交易且不会造成价值的减少；二是交易过程不一定是所有权的完全交割。数据经过处理及整合后，再经分析形成可执行的决策信息，最终由行动产生价值。限于篇幅，本书关注下列主流视角的内容。

☐ 经济学视角：主要分静态定价策略、动态定价策略两类。其中静态定价策略主要含成本法、收益法和市场法三种基本方法及其衍生方法；动态定价策略是指价格将根据供需变化、竞争对手的价格以及其他市场情况进行调整，包括自动计价、协商定价、拍卖式定价等。

□ **数据挖掘视角**：数据挖掘视角下的数据价值通过评估数据对模型的贡献来计算其在模型中的内部价值，可以通过对比市场上同类数据来进行交易决策。本文会介绍贡献度度量方法、SHAPLEY 方法和其他一些基于全局信息排名的方法。

本节剩下的内容会简要介绍和比较经济学视角中静态定价策略的部分方法，并提供一些数据挖掘视角中方法的详细做法。对包括自动计价、协商定价、拍卖式定价等在内的动态定价策略内容，由于实操具有复杂性并涉及过多理论内容，本文不做更多讨论，读者可以在其他文献中找到更详细的论述。

3.2.2　经济学视角

静态定价策略中较为经典的（无形）资产估值策略，参考中国资产评估协会（以下简称中评协）印发的《资产评估专家指引第 9 号——数据资产评估》一文 [48] 中建议了三种主要的度量方法：成本法、收益法和市场法。

3.2.2.1　成本法

成本法，又称为"重置成本法"，是根据形成数据的成本进行评估的一种估值方式。其核心思想是"将在当前条件下重新购置或者建造一个全新状态的评估对象所需要的全部成本与合理利润，减去各项贬值后的差额作为评估对象的价值"。

尽管数据这类无形资产的成本和价值对应性较弱，且数据的成本有不完整性，但在企业内部可获取所有信息时，使用成本进行价值评估是具备一定可行性的。其基本公式是

$$评估值 = 重置成本 \times (1- 贬值率)$$

或者

$$评估值 = 重置成本 - 功能性贬值 - 经济性贬值$$

数据资产的获取成本需要根据创建数据的流程特点，如在前文定义的数据全生命周期分阶段进行统计：数据收集、数据传输、数据存储、数据分析、发布使用和删除销毁。但由于数据要素的特殊性，往往需要综合考虑数据的成本与预期的使用溢价，对上述基本的成本法公式进行修正

$$P=TC \times (1+R) \times U$$

这里 P 是评估值，TC 是数据总成本，R 是数据成本回报率，U 是数据效用。其中 U 是影响数据价值实现因素的集合，用于修正 R。数据质量、数据基数、数据流通以

及数据价值实现风险均会对 U 产生影响

$$U=\alpha\beta\ (1+l) \times (1-r)$$

这里 α、β、l、r 分别是数据质量系数、数据流通系数、数据垄断系数、数据价值实现风险系数，详见表 3-10。即有

$$P=TC \times (1+R) \times \left[\ \alpha\beta\ (1+l) \times (1-r)\ \right]$$

表 3-10 成本法计算公式中的系数

类别	估算逻辑	注释
数据质量系数	使用数据模块、规则模块和评价模块加权汇总而得	完整性、数据准确性和数据有效性约束
数据流通系数	$$\frac{\sum_{i \in \mathcal{D}} a_i Vol_i}{\sum_{i \in \mathcal{D}} Vol_i}$$ 其中 $\mathcal{D}$ 代表开放数据、公开数据、共享数据和非共享数据四类数据，Vol_i 代表其数据量，a_i 是对应的数据传播系数	开放数据、公开数据、共享数据和非共享数据四类的加权值。通常不用考虑非共享数据，因为其对整体流通效率影响可以忽略不计
数据垄断系数	$$\frac{系统数据量}{行业总数据量}$$	一般与行业和地域相关
数据价值实现风险系数	一般采用专家打分法与层次分析法获得其风险系数	数据管理风险、数据流通风险、增值开发风险和数据安全风险四个二级指标和设备故障、数据描述不当、系统不兼容、政策影响、应用需求、数据开发水平、数据泄露、数据损坏八个三级指标

成本法的使用有一定局限性，具体而言：

❑ 不易区分：由于数据要素对应是生产经营中的衍生产物，故没有对应的直接成本，同时在实际生产过程中，间接成本通常不易分摊；

❑ 不易估算：数据要素的贬值等现象，根据场景的不同其影响因素也有不同，且这些因素涉及宏微观背景、时效、准确性、体量等原因影响，通常不易估算；

❑ 不体现收益：无法体现数据要素产生的收益。

3.2.2.2 收益法

收益法通过预计数据带来的收益估计其价值，该方法的主要思想是估算待评估数据的预期收益，并将预期值折现作为评估的数据价值。相较于成本法，收益法注重的是数据能够为企业带来超额收益的能力，其计算逻辑见表 3-11。

这种方法在实际中比较容易操作，是目前评估数据价值时比较容易接受的一种方法。虽然目前使用数据直接取得收益的情况比较少，但根据数据交易中心提供的交易

数据，还是能够对部分企业数据的收益进行了解的。其基本公式是

$$P = \sum_{t=1}^{n} F_t \frac{1}{(1+\xi)^t}$$

这里 P 是评估值，F_t 是数据在未来第 t 个收益期的收益额，n 是剩余经济寿命期或收益期，ξ 是折现率，t 代表第 t 年。

表 3-11　收益法计算逻辑

类别	估算逻辑	注释
预期收益	预期变动、收益期限、成本费用、配套资产、现金流量、风险因素等	需要区分数据资产和其他资产所获得的收益。数据资产的获利形式通常包括：对企业顾客群体细分、模拟实境、提高投入回报率、数据存储空间出租、管理客户关系、个性化精准推荐、数据搜索等
收益期	收益期不得超出产品或者服务的合理收益期	根据法律保护期限、相关合同约定期限、数据资产的产生时间、数据资产的更新时间、数据资产的时效性以及数据资产的权利状况等因素确定收益期等
折现率	折现率可以通过分析评估基准日的利率、投资回报率，以及数据资产权利实施过程中的技术、经营、市场、资金等因素确定	折现率与预期收益的口径保持一致

收益法还有权利金节省法、多期超额收益法、增量收益法等诸多衍生估值方法，这里不再赘述，读者可以参考其他无形资产估值的论文和实践。

收益法的使用有一定局限性，具体而言：

❑ 操作复杂：数据要素的预期收益与传统资产的评估方法不同，市面上无有效工具；

❑ 期限不定：数据要素是动态的，导致使用期限也是动态的；

❑ 估算不准：一些收益法无法做出"反事实推断"，即在使用增量收益法等方法时，无法估算"没有应用数据"情景下的收益。

这些在实际使用中需要额外注意。

3.2.2.3　市场法

市场法，又称作"比较市场法"，是根据相同或者相似数据的近期或者往期成交价格，通过对比分析，评估数据价值的方法。其核心思想是通过比较待估数据与所选参照数据的差异，对参照数据的市场行价加以量化、调整，得到待估数据的价值。

根据数据价值的影响因素，可以利用市场法对不同属性的数据的价值进行对比和

分析调整，用以反映被评估数据的价值。使用市场法的前提条件是交易市场是公开并活跃的。其基本计算方式是参照数据的价值与一组修正系数的累积，公式为

$$P = V_C \prod_{i=1}^{5} C_i$$

其中各符号的含义见表 3-12。

表 3-12　市场法计算公式中的符号

符号	估算逻辑	注释
参照数据的价值 V_C	对于参照数据，可以从数据类型和数据用途两方面获取 ● 数据类型：用户行为数据、社交数据、交易数据等 ● 数据用途：精准营销、CRM 管理、风险控制等	搜集类似数据交易案例相关信息，并从中选取参照数据
技术修正系数 C_1	数据收集、数据传输、数据存储、数据分析、发布使用和删除销毁等因素	因技术因素带来的数据资产价值差异
价值密度修正系数 C_2	$\dfrac{\text{评估基准日价格指数}}{\text{参照数据交易日价格指数}}$	评估基准日与参照数据交易日期的不同带来的数据价值的差异
日期修正系数 C_3	$\dfrac{\text{评估对象的容量}}{\text{参照数据的容量}}$	不同数据容量带来的数据价值的差异
容量修正系数 C_4	有效数据和数据资产总价值的单调递增关系	有效数据占总体数据比例不同带来的数据价值的差异
其他修正系数 C_5	具体问题具体分析	市场供需状况差异、地域差异等

市场法的使用有一定局限性，具体而言：

❑ 场景受限：市场法假设交易市场是“公开并活跃”的，这与当前各类交易所、交易平台的交易规模小、评率低、收益少的发展现状不一致，在业务实践中，出于准确性考虑，“一般需要找到三个及以上的类似参照资产，将结果加权平均”[27]，在没有好的参照数据的场景中，市场法较难启用。

❑ 多变性：随着交易或市场不同，市场法的估算逻辑要做相应调整和分析，截至 2022 年年初，国内数据交易主要涉及金融、交通和通信等行业，但更多的行业、场景和市场方兴未艾，这将会增加复杂性，带来更大挑战。

3.2.2.4　经济学视角度量方法小结

前几节的讨论可以概括成表 3-13，用于横向对比[86-87]。

表 3-13　三种定价策略一览表

类别	简述	优势	劣势
成本法	以形成数据的成本为基础评估数据价值	易于理解：以成本构成为基础 操作简单：以成本加权计算为主	• 不易区分：数据要素对应的是生产经营中的衍生产物，故没有对应的直接成本，且间接成本的分摊不易估算 • 不易估算：数据要素的贬值因素在不同场景是不同的，且不易估算 • 不体现收益：成本法无法体现数据要素产生的收益
收益法	基于预期收益评估数据价值	衡量实际价值：能有效衡量数据的实际价值	• 操作复杂：数据要素的预期收益与传统的数据价值评估方式不同，市面上无有效工具 • 期限不定：数据要素是动态的，导致使用期限也是动态的 • 估算不准：在使用增量收益法等方法时，无法做出"不应用数据"场景下的收益估算
市场法	在有效、活跃市场基础上，选取参照数据评估数据价值	反应市场：能客观反应数据要素目前的市场情况 真实、可靠：参数和修正系数都是客观指标，相对真实、可靠	• 场景受限：市场法假设交易市场是"公开并活跃"的，这与当前各类交易所、交易平台的交易规模小、评率低、收益少的发展现状不一致 • 多变性：随着交易或市场不同，市场法的估算逻辑要做相应调整和分析

在国内外研究和实践中，还有以下一些方法。

❑ 问卷调查法：其有时又被称作条件价值评估法（CVM 方法），一般对公共物品进行价值评估，可参考英国伦敦交通局（TFL：Transport for London）的做法，该研究通过对乘客、伦敦经济、伦敦交通局 3 个目标对象展开问卷调查来估算开放数据产生的社会价值。对乘客而言，每年通过开发数据平台的实时交通信息和路线规划，节省了 7000 ～ 9000 万英镑的出行成本（问卷估算）。对社会而言，估计为整个产业链贡献 1200 ～ 1500 万英镑的增值和 700 余工作岗位。更新信息可参考 TFL 的公开数据平台。

❑ 非货币度量估值法：是一种根据特定的资产评估目的，选择相关评估维度构建评估体系，并最终以归一化且无量纲的形式展现评估结果的方法[122]。其中 Gartner 提出的 IVI、BVI 和 PVI 三类评估模型更为完善，他们分别从信息的内在价值、数据与业务的相关性指标和企业绩效因子（KPI）三方面对数据价值进行评估。以腾讯游戏的大数据运营为例，其通过构建数据的"三度"（热度，如数据访问热度；广度，如数据应用及功能模块跟数据耦合程度；收益度，如活跃用户、UV、PV、GMV 等业务运营指标）来评估数据价值，明确了数据在企业中的作用。其思路类似于 PVI 模型。

❑ 数据势能法：普华永道在研的一种针对公共数据的新的数据定价方式[27]。该
方法从宏观角度看，从国民经济生产总值出发，剖析数据经济总值占国民经济
之比例，通过成分分析层层推出公共数据可能的价值区间；从微观角度看，从
公共数据的特征及撬动其潜在价值的关键因素出发，推出"数据势能"公式，
即公共数据的价值等于公共数据的开发价值、潜在社会价值呈现因子和潜在经
济价值呈现因子的乘积。通过结合专家打分法，普华永道已完成对 18 个已开放
的省级公共数据开放平台的实证评估。

数据价值的评估策略和方法还有很多，国内外各数据平台和数据交易所也多有混合
采用这些策略和方法的现象，本文不再赘述。有兴趣的读者可以参阅参考文献［27-28，
122］等获取更多内容。

3.2.3　数据挖掘视角

在数据挖掘视角下，通常可以通过评估数据对数据分析模型的贡献来计算其在
模型中的内部价值，同时可交叉使用（不限于）市场法，类比同类场景或数据来进
行交易决策；或者层次分析法，请专家针对数据的各评估指标进行打分，将定性评
价转化为定量指标，利用模糊数学方法或者别的数据驱动分析手段，最终得到数据
价值。

本小节中，我们主要介绍评估数据对数据分析模型的贡献的方法。主流的方法
包括：

❑ 贡献度度量方法：该方法基于统计分析中对特征（数据）重要性的估计；

❑ 沙普利（SHAPLEY）值方法：一种基于博弈论的衡量参与方边际贡献和剩余贡
献的方法。

需要指出的是，在数据流通领域，很多激励机制也可由数据挖掘视角的价值评估
策略来驱动，有兴趣的读者可以参考隐私计算技术在"贡献 – 成本 – 遗憾"的激励机
制设计[98]和智慧城市领域的应用[99]。

3.2.3.1　贡献度度量方法

贡献度的概念，主要来源于数据挖掘中的几个重要概念。

❑ 特征重要性：进行预测时，每个特征的相对重要性，或者显著性。

❑ 数据杠杆点：数据的预测值偏离较大。

❏ 影响点：去掉某数据后，预测值发生的变化较大。

这里需要明确以下几点。

❏ 重要性一个是相对的概念，也就是说，需要一个基线（baseline）值才能计算特征的重要性，这个值越大表明该特征越"重要"。这个值同时要保证"无量纲"性，否则比较就会失去意义：比如"米"和"秒"并不可比。

❏ 显著性是一个统计学意义下的专用术语，不是一个通常语言下的一般概念。其衡量的是假设特征（数据）无效果（量化地说，即效果为 0）时，出现比观测数据更极端情形的概率[⊖]。这个值越小表明该特征越"显著"，也就越"重要"。

❏ 影响点和杠杆点没有必然的联系。在衡量某一参与方数据（假设特征都相同，不考虑引入其他特征）的重要性时，通常的做法是考虑影响点，但很多业务实践中，会误用杠杆点甚至离群点（Outliers）作为影响点：需要明确的是，杠杆点的使用场景是对数据质量进行评估[⊜]，而非数据对数据分析模型的贡献的评估。

值得注意的是，在实际工作中，可以细致区分"数据贡献度"和"特征贡献度"，并加以综合考虑。这样做的一大好处是，可以将不同的贡献度衡量标准直接和隐私计算的不同场景一一对应起来。

❏ 在类似横向联邦的场景下，即数据分析模型的特征相同，不同参与方只是增加观测数据时，可以使用数据贡献度作为主要度量指标。典型的场景如：同一集团同一业务在跨国、跨洲业务中的数据分析，在做事后数据价值评估时就能使用该方法。

❏ 在类似纵向联邦的场景下，即用户相同，但参与方进行特征扩充时，就可以使用特征贡献度作为主要度量指标。典型的场景如：联合清算机构和传统零售行业做联合营销，B2B 地推业务和其他渠道商做联合新客推荐时的数据（特征）价值评估等。

本节中，我们将重点讲数据贡献度度量方法和一些机器学习常用的特征贡献度度量方法。下一节我们会单独介绍一种新型的更稳健的特征贡献度度量方法——沙普利值方法。

⊖ 即 p-value（p-值）。
⊜ 严格说数据质量评估只是数据价值评估中的一部分。

（1）数据贡献度度量方法

数据贡献度度量方法源于一个直观的问题：

去掉某数据后，模型的预测会发生多大变化？

这里我们需要假定模型是固定的，否则衡量结果不一定相同。

在 1977 年，Cook 就研究了这个问题的简化版[100]，即删除某一个数据点，会对模型（的预测）产生多大影响。

严格地，假设观测值是 $(\boldsymbol{X}_i, \boldsymbol{Y}_i)_i^N$，其中 $\boldsymbol{X}_i \in R^p$ 是 p 维的特征向量，$\boldsymbol{Y}_i$ 是响应变量，N 为总样本量。

假设建模是 $\sum \|Y - f(X)\|_{L_2}$，求能达到的最小映射 $f(\cdot)$：

$$\hat{f}(\cdot) = \arg\min_f \sum \|Y_i - f(X_i)\|_{\text{Norm}}$$

这里 $\|\cdot\|_{\text{Norm}}$ 是某种范数。比如我们熟悉的最小二乘线性回归，其可能的 $f(x) = \alpha + \beta^\top x$，而范数取 L_2 范数，此时我们需求的就是最优的 (α, β) 组合。为了度量"删除一个数据点 j，会对模型的预测产生多大影响"，可以这么做：

$$\gamma^{(j)} = \frac{1}{N} \sum_{i=1}^n \|\hat{f}(x_i) - \hat{f}^{(-j)}(x_i)\|$$

这里 $\hat{f}^{(-j)}(\cdot) = \arg\min_f \sum I(i \neq j) \times \|Y_i - f(X_i)\|_{\text{Norm}}$，即去掉数据点 j 后的预测结果。这个值越大，说明该数据点的影响也越大。统计学中，我们把 $\gamma^{(j)}$ 称作数据点 j 的影响点。

类似地，不管对单点做还是批量做，计算过程都是一致的，给定数据集 $D \subset \{1, \cdots, N\}$，不妨定义：

$$\hat{f}^{(-D)}(\cdot) = \arg\min_f \sum I(i \notin D) \times \|Y_i - f(X_i)\|_{\text{Norm}}$$

以及数据集 D 的影响值：

$$\gamma^{(D)} = \frac{1}{N} \sum_{i=1}^N \|\hat{f}(x_i) - \hat{f}^{(-D)}(x_i)\|$$

于是在实际有 k 个参与方时，假设其数据集合分别为 $D_1, D_2, \cdots, D_k$。令：

$$\hat{f}^{\text{ALL}} = \arg\min_f \sum_{i \in D_1 \cup \cdots \cup D_k} \|Y_i - f(x_i)\|_{\text{Norm}}$$

那么第 k 个参与方的（数据）贡献 $\gamma^{(D_i)}$ 就是：

$$\gamma^{(D_i)} = \frac{1}{\#\{D_1 \cup \cdots \cup D_k\}} \sum_{i \in D_1 \cup \cdots \cup D_k} \| \hat{f}^{\text{ALL}}(x_i) - \hat{f}^{(-D)}(x_i) \|$$

其中 $\#\{D_1 \cup \cdots \cup D_k\}$ 是合样本量。

举个例子，某企业要对下属两个分支机构的数据做合并分析，其数据分析模型为广义线性模型（Generalized Linear Model)，包含了四个特征 X_1，X_2，X_3，X_4 和响应变量 Y。具体数据分布和模型如图 3-31 所示。从上到下分别是在两个分支机构的合数据的数据分布和模型情况，以及分支机构 A、分支机构 B 分别的数据分布和模型情况。可以看出：

- 分支机构 B 和合数据的数据分布方差表现比较类似，线性模型趋势也一致（都是向下）；
- 分支机构 A 的数据分布方差表现比合数据小近一半，线性模型趋势也和合数据的相反（一个向上一个向下）。

需要注意的是，数据贡献度 $\gamma^{(D)}$ 计算的是"删除某一个数据 D，会对模型的预测产生多大影响"，于是分支机构 A 的贡献度对应的是右下图和右上图，而分支机构 B 的贡献度对应的是右中图和右上图。这与 A、B 位于中、下的位置是相反的。于是由于考虑删除后的偏离度，直观可以猜测分支机构 B 的数据贡献度更大。实际计算也是如此：$\gamma^{(D_A)} = 0.10$，$\gamma^{(D_B)} = 0.34$。分支机构 B 的贡献度更大。

事实上，基于上述分析，在隐私计算过程中，尤其是联邦学习场景中，如果不需要精确计算 $\gamma^{(D_A)}$，则可以对协调方使用模型的中间结果做一些近似逼近，从而极大降低评估数据价值给整个流程带来的额外计算和信息传输开销，简化流程设计。该逼近方法理论较为复杂，不在本书讨论范围之内。

同时，有的学者也在探索使用信息熵（Entropy)[116-117] 或在信息检索领域（如竞价排名、搜索排序）广泛使用的排序机制（如 PageRank 等）求得数据贡献度[101]，这里不做赘述。

需要注意的是，数据贡献度是经济学视角度量方法的重要量化手段，在业务实操中，不建议将其作为唯一标准。

（2）特征贡献度度量方法

特征贡献度度量方法有两个起源：

- 源于统计学习中的特征选择方法：如前文所述，此处有基于统计的假设检验方法和基于统计学习的特征重要性计算两种方法，它们实际是一种类型，和数据挖掘中的通常方法基本保持一致；

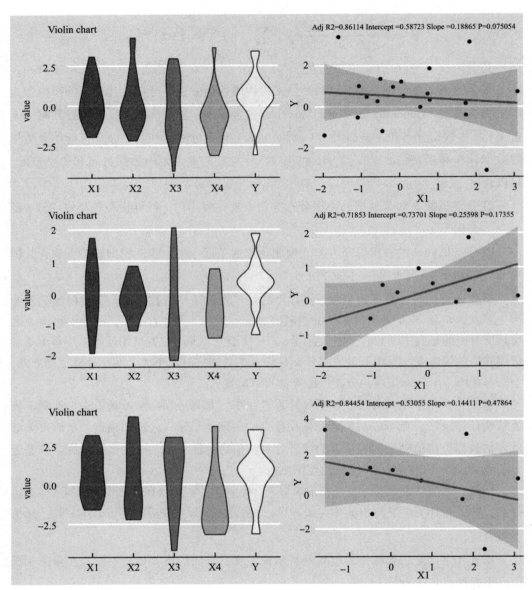

图 3-31   数据贡献度实例，从上到下分别代表合数据、分支机构 *A*、分支机构 *B*

☐ 源于博弈论和可解释机器学习的沙普利值方法：这个在下一节中介绍，相较于
第 1 种来源的方法，此方法具有更强的稳健性与可解释性，也正是由于来源于
博弈论，其可以在分配方式上做更多拓展。

特征贡献度度量方法的方法论和数据贡献度 $\gamma^{(D)}$ 的计算几乎一样：

❑ 计算合特征的估计值；

❑ 假设去掉某参与方特征，得到新的估计值，并做预测；

❑ 使用新旧预测值的某种"差距"来评估特征贡献度。

造成有基于统计的假设检验方法和基于统计学习的特征重要性计算两种方法的主要差别在于：统计方法对模型有（隐藏的）分布假定（参数模型），而诸如集成模型、可加模型等模型中的特征重要性，实际是将参数模型替换成经验分布（如 XGBoost 中用到的直方图估计），或者是使用 Bootstrap（神经网络中的 BN 层），又或者蒙特卡罗抽样方法（非参数贝叶斯）的某种等价。即两者的本质都是相同的。

由于使用基于统计学习的特征重要性计算方法计算特征贡献度的思路与数据贡献度的计算思路大致相同，且该类方法与数据挖掘中的通常方法基本一致（除了加入部分隐私计算内容），因此本书不做更多讨论。

表 3-14 给出了一些常见的特征贡献度指标 [95, 110, 112]。

表 3-14　常见特征贡献度指标

指标	含义	算法举例
相关性指标	考察特征与相应变量（目标）的相关性： $$\frac{\sum (Y_i - \bar{Y})(X_i - \bar{X})}{\sqrt{\sum (Y_i - \bar{Y})^2} \sqrt{\sum (X_i - \bar{X})^2}}$$	• 需要联合统计的技术，如 DP/OT 进行处理 • 贡献度判别标准：越靠近 1，指标正向（线性）相关性越强 • 越靠近 0，指标正向（线性）相关性越弱
显著性指标	构造特征的统计量（如 τ 统计量、对数似然检验统计量、秩统计量），对如下假设检验进行显著性和置信区间计算： $$H_0: \beta_{center} = 0$$ 其中 β_{center} 表示待考察特征的效应（可以是多个参数同时检验），比如回归模型中的系数、中位数等	• 针对联邦学习中的统计推断问题，需要联合统计的技术如 DP/OT。如对数似然检验： $$-2(\ell_{H_0} - \ell_{无约束}) \sim \chi^2_{df}$$ • 可以使用 OT/DP 技术计算合样本的 MLE 来做检验 • 贡献度判别标准：p-value 越小特征越显著
树模型方法	使用树模型，对特征进行选择和重要性量化	• 使用 CART/OCT/XGBoost 计算重要性，比如联邦学习中的 SecureBoost 算法等 • 贡献度判别标准：指标越大特征越重要
特征选择方案	使用特征选择和模型选择手段量化特征和模型贡献度	• 联合 AIC/BIC • 隐私计算中加入 LASSO、Dantzig 等惩罚的有监督模型 • 隐私计算中加入约束的无监督模型 • 贡献度判别标准：指标越大特征越重要

3.2.3.2 沙普利值方法

沙普利值方法[118]（Shapley Addictive exPlanations，SHAP方法）源起于博弈论，是一种在"可解释"领域被广泛采用的方法[119]。其处理的是在多参与方情形下，对各参与方的份额进行分配的问题。

沙普利值方法的主要思想是通过遍历所有参与方可能的边际贡献组合，通过求平均来估计参与方的剩余贡献。可以注意到，这与之前基于决策论那种在原假设下（去掉数据或者特征）或对立假设（不去掉数据或者特征）下求解损失的做法是不同的。

具体而言，假设有 k 个参与方，它们的数据集合分别定义为 $D_1, D_2, \cdots, D_k$，$D = D_1 \cup \cdots \cup D_k$ 是合数据，或者由所有参与方组成的"联盟"数据。假设对博弈的收益函数为 V，其可以把数据集映射成一个实数收益（空集的收益定为0）。那么在博弈 (V, D) 中，第 $i (i \in \{1, \cdots, k\})$ 个参与方的贡献也称为沙普利值 $\phi_i(V)$：

$$\phi_i(V) = \frac{1}{\#\{D\}!} \sum_{\xi \in \mathrm{Perm}(D)} V\left(S_{<i}^{(\xi)} \cup D_i\right) - V\left(S_{<i}^{(\xi)}\right)$$

这里 ξ 是 $\{D_1, \cdots, D_k\}$ 的某种全排列，比如 $k = 3$ 时，ξ 可以取 (D_1, D_2, D_3)，(D_1, D_3, D_2)，(D_2, D_1, D_3)，(D_2, D_3, D_1)，(D_3, D_1, D_2)，(D_3, D_2, D_1) 中的任意一个；$S_{<i}^{(\xi)}$ 是指下标小于 i 的数据集合。

于是 $\phi_i(V)$ 是对所有可能的贡献做的加权平均。由于此方法是一个可加模型，所以既可以从数据维度（如横向联邦学习）也可以从特征维度（如纵向联邦学习）计算沙普利值。这种加权平均实际是一种置换检验（Permutation Test），由于遍历了所有组合，所以计算复杂度非常高。但也正因为此，我们可以衡量沙普利值方法的置信区间，还可以进行快速逼近[120-121]，但这里不做更多展开，有兴趣的读者可以参考相应文献。

实际使用沙普利值方法时，需要满足下面几个先决条件：

❑ 不考虑参与方有"负贡献"的情况；

❑ 若某参与方所有边际贡献为0，那么分配其收益为0；

❑ 联盟收益等于参与方收益的代数和；

❑ 若参与方在联盟中地位相同（可置换而不影响结果），则分配给它们的收益相同；

❑ 参与方收益可加，如果联盟中有两个博弈，那么参与方在两个博弈中分配的收益值的和等于在合成博弈中的收益。

可以看出其有较多的改进空间，比如在经济学视角中，我们罗列了多种对收益可能造成影响的直接、间接因素，其中既有和利润相关的客观指标，也有社会、产业、人为决策等无法直接和利润直接挂钩的因素；对"理性人"和参与方地位平等的假设，也在一定程度上与当前的数据要素市场供需关系不符。有相当的研究在处理此类问题，如使用加权、引入图计算等手段，不一而足。

以下用一个例子来具象化沙普利值的计算过程。假设有 A、B、C 三家公司，它们各拥有一份数据集，当前需要将这三份数据集输入业务模型中衡量三者的贡献。

首先，在不同组合下各公司的边际贡献见表 3-15。

表 3-15　不同组合下各公司的边际贡献

组合	边际贡献			总和
	公司 A	公司 B	公司 C	
(A, B, C)	2	32	4	38
(A, C, B)	4	34	0	38
(B, A, C)	2	32	4	38
(B, C, A)	0	28	10	38
(C, A, B)	2	36	0	38
(C, B, A)	0	28	10	38
均值	2	32	4	38

可以验证，表 3-15 符合沙普利值的使用准则，此时，C 的边际贡献应该看 (A, B, C) 和 (B, A, C) 组合，其中 (A, B) 或者 (B, A) 的贡献和为 34，那么 C 的边际贡献就是 4；同理，B 的边际贡献应该看 (A, C, B) 和 (C, A, B) 组合，其中 (A, C) 或者 (C, A) 的贡献和为 38，那么 B 的边际贡献就是 0；A 类似。而对于沙普利贡献度，我们考虑的是所有可能组合的加权平均值，也就是表 3-15 的最后一行，此均值就是各公司对应的沙普利值，即 2、32 和 4。

由此，可以由总收益 38，和 A、B、C 公司分别的沙普利值 2、32、4 计算各公司的收益或者对数据进行估值。

这里我们需要指出的是，对于数据分析模型，我们还能对指定的特征（集合）做更细致的沙普利值计算，其中一种产品化设计参见图 3-32[112]。

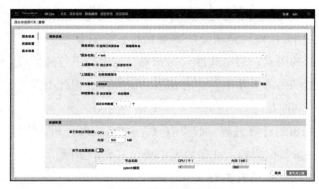 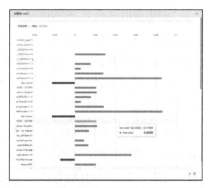

a）数据、环境、模型配置   b）模型结果、特征结果可视化和沙普利值

图 3-32　一种计算沙普利值的产品化设计

3.3　数据交易与流通

　　我国的大数据交易正在寻求高效有序的发展路径，需要通过规范数据供求双方、数据中间方和监管机构多方参与的数据交易体系及其交易行为，寻求商业价值、个人隐私和公共利益之间的平衡，使数据流通平台成为兼具"技术、信息安全和法律保障"的数据价值转化渠道。

　　自 2021 年以来，我国关于各项数据权属、价值、安全、流通相关的规章制度、配套措施和业务模式加速完善。《数据安全法》《个人信息保护法》《网络数据安全管理条例（征求意见稿）》《数据出境安全评估办法（征求意见稿）》《汽车数据安全管理若干规定（试行）》《金融数据安全数据安全评估规范》（征求意见稿）等全国性法律法规相继出台，为数据行业安全有序地发展保驾护航。《深圳经济特区数据条例》《上海市数据条例》等地方性条例也结合地方特色对公共数据的共享和安全进行了规范和引导。

　　然而，在数据要素市场的业务实践中，以下一些问题给市场多方带来一定的困扰，需要在数据流通平台的规划和建设中加以解决。

　　❑ 数据安全防护。数据要素容易在流动中被泄露和遭受安全威胁，规模化存在的数据要素一旦遭到泄露，不仅会损害单个用户的隐私权益，还可能会诱发大规模的公共安全事件，所以数据安全防护是重中之重，是实现大规模的数据要素市场化配置的必要前提。

- □ 数据合规。数据能够流通的前提是数据必须符合国家、地方的数据安全法律法规和各个行业的数据管理规范，并符合数据交易所的相关规定。因此，数据可以流通的前提是首先完成数据的合规检查，需要建设相关工具与制度。

- □ 交易机制。现阶段，数据的交易机制仍以点对点模式为主，由于缺乏信息传播性和广泛参与性，难以实现大规模的数据要素市场化配置。

- □ 流通方式。当前，数据流通主要还是采用数据包和明文接口的简单方式，主要面向可公开的安全级别较低的数据，能够挖掘的价值有限。而对安全级别较高的数据进行交易及价值利用已日益成为市场的广泛需求，高安全级别的数据正逐渐成为新一代交易所关注的交易对象，需要提供适合高安全级别的数据交易的流通方式。《国务院办公厅关于印发要素市场化配置综合改革试点总体方案的通知》也提出了探索"原始数据不出域、数据可用不可见"的交易范式，在保护个人隐私和确保数据安全的前提下，分类分级、分步有序推动部分领域数据流通应用。

3.3.1　国外数据交易流通市场

随着数据资产化的进程加快和新兴技术的不断融合发展，数据交易呈现稳步发展的态势，一些国家根据自身的社会现状采取自由市场机制、政府管控机制等方式开展探索。国外数据交易平台以企业建立为主导，有以下数据来源方式：数据提供方供应数据、网络爬虫、政府公开数据、数据社区提供数据以及依靠传统方式线下收集数据等。数据社区是若干个社会群体或组织聚集在大数据领域内形成的一个相互关联、相互沟通的大集体，通过数据社区可以及时了解用户需求，更新数据。国外数据社区为交易平台提供数据，促进了数据交易平台的发展，一个典型的案例就是 Snowflake Data Marketplace（其产品截图见图 3-33）。Snowflake 于 2012 年 7 月 23 日在美国特拉华州成立，是一家云存储技术开发公司，旨在搭建一个基于云服务的新型数据库和数据处理架构，以此满足用户和数据处理层面的需求。公司提供基于云的数据仓库服务用于存储和查询，分析师可以使用商业智能（BI）工具进行数据分析，其数据交易的工具主要是数据市场（Data Marketplace）。

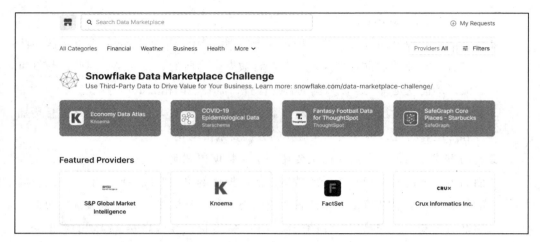

图 3-33　Snowflake Data Marketplace 产品截图

Data Marketplace 是 Snowflake 在线交易或共享数据的主要工具，其设计初衷是方便数据的买卖或共享。随着许多企业寻求通过外部数据来增强或丰富内部数据集，基于云的数据市场正以越来越高的速度出现，以便将数据消费者与正确的数据卖家进行匹配。Data Marketplace 提供无缝的数据协作，消除数据孤岛使得企业安全地共享整个业务生态系统中受管理的数据，同时降低成本并揭示新的业务见解。

Snowflake 采用了一个比较创新的技术架构来做数据流通，无须真正地迁移数据。如图 3-34 所示，各个数据提供方将数据放在数据库实例（右下方的 DB2 实例）中并将其标记为共享状态，其他消费方会创建一个逻辑的映射数据库实例（如灰色背景的 DB2）并与提供方的数据库建立匹配关系，但是并不将数据复制。当数据消费方需要读取数据的时候，消费方将建立一个计算实例并与该消费方的逻辑映射数据库建立数据通道，再实时地读取数据提供方的数据。这个模式无须将数据从供应方复制到消费方，也避免了数据经复制后被更大程度地传播等安全风险。

该数据交易模式的技术特点包括以下三点。

❑ 实时性的数据共享：用户可以轻松访问来自各个组织的实时数据，并在各部门和业务单位之间组合和分发数据，为每个人提供单一、实时、受管理的数据副本。这种方式可以减少传统共享方法的风险、成本和痛点，同时也降低提取、转换和加载数据的成本，无须复制、转移数据，从而加快商业智能和高级分析的洞察效率。

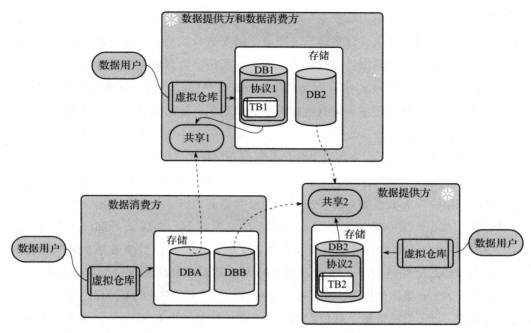

图 3-34　Snowflake Data Marketplace 技术架构

❑ 安全、受管地访问数据：使用者可以有效地控制对共享数据的访问策略，确定谁能看到和访问哪些数据，并确保所有业务部门和业务合作伙伴访问安全的数据副本。此外，Data Marketplace 还提供包括监控使用和访问情况、控制数据发布的工作流程等多种内置安全功能。

❑ 高效的数据探索与发现：数据发布者有很便捷的方式来发布标准或个性化数据集，或管理授予访问权限的请求批准流程，从而高效地发布数据。此外，发布者可以通过发布元数据或者使用示例，以及提供个性化的数据视图等方式，让使用者能够更快地发现和理解数据。

3.3.2　国内数据交易流通市场

我国的数据交易平台发展经历了三个阶段：井喷式爆发期（2014 ～ 2016 年）、发展停滞期（2017 ～ 2019 年）、重现新生期（2021 年至今）。目前国内数据交易平台根据主体建设模式可划分为政府主导和公司主导两大类。政府主导的代表性案例有北京国际大数据交易所、上海数据交易所、贵阳大数据交易所、浙江大数据交易中心、江苏大数据交易中心、华中大数据交易所等，公司主导的数据交易平台有京东万象、数据堂、发源地、聚合数据、数多多等。随着数据安全合规的要求越来越高，政府主导的数据交易平台将成为数据流通行业的主要活动场所。数据交易所平台是以中间商身份提供数据交易撮合服务，并不介入具体的数据交易活动。从数据中间商模式来看，数据交易的核心法律问题主要包括数据源、数据范围、数据信息、交易对象、数据安全、数据权属、数据定价及数据责任等八个方面，交易的产品类型包括 API、数据包、解决方案、数据产品、云服务等，平台交易数据类型种类较多。

贵阳大数据交易所成立于 2014 年 12 月，2015 年 4 月 14 日正式挂牌运营，是我国乃至全球第一家大数据交易所。交易所内设数据商用部、数据交易撮合部、数据安全保障部、数据交易研究院、会员服务部、战略发展部、品牌部等部门，实施"数+12"战略。通过不断完善经营模式与大数据交易产品体系，健全数据交易产业链服务，助力贵州数字经济发展。截至 2018 年 3 月，数据交易所发展会员数目突破 2000家，已接入 225 家优质数据源，交易额累计突破 1.2 亿元，交易框架协议近 3 亿元，经过脱敏脱密，可交易的数据总量超 150PB，可交易数据产品 4000 余个，涵盖三十多个领域，成为综合类、全品类数据交易平台。

2020 年发布的《中共中央 国务院关于构建更加完善的要素市场化配置体制机制的意见》，将"数据要素"作为与"土地、劳动力、资本、技术"同等重要的市场要素，并规定"引导培育大数据交易市场，依法合规开展数据交易"，市场的活力才重新焕发。全国多地积极布局大数据交易所，上海数据交易所、中新天津生态城北方大数据交易中心、北京国际大数据交易所等先后跟进。仅 2021 年，国内就新设数据交易场所 7 家。2021 年 11 月 25 日上海数据交易所成立，重点聚焦数据交易"五难"，即确权难、定价难、互信难、入场难、监管难这些关键共性难题。提供的服务包括：

①全新构建"数商"新业态，涵盖数据交易主体、数据合规咨询、质量评估、资产评估、交付等多领域，培育和规范新主体，构筑更加繁荣的流通交易生态；

②完善数据交易配套制度，涵盖从数据交易所、数据交易主体到数据交易生态体系的各类办法、规范、指引及标准，确立了"不合规不挂牌，无场景不交易"的基本原则，让数据流通交易有规可循、有章可依；

③通过数据产品登记凭证与数据交易凭证的发放，实现一数一码，可登记、可统计、可普查。

此外，如图 3-35 所示，结合《上海市数据条例》的要求，上海数据交易所在公共数据共享和开放方面也在探索授权运用模式，不再是简单的公共数据输出，而是基于公共数据加工后形成的数据产品或服务的授权运营。原始的公共数据是通过无条件和有条件的方式进行开放，开放之后的数据通过实质性加工、创造性劳动后形成的数据产品和服务可以进入市场进行流通交易。

图 3-35　上海数据交易所提供的数据交易服务

3.3.3　数据交易流通的业务建设

数据从待交易到可交易，需要首先完成安全合规检查与数据分类分级，数据的分级会直接影响其可采用的交易方式、授权方式以及交易环境；在数据交易平台为数据完成相应的合规交易环境配置后，数据即从待交易状态转化为可交易状态。具体如图 3-36 所示。

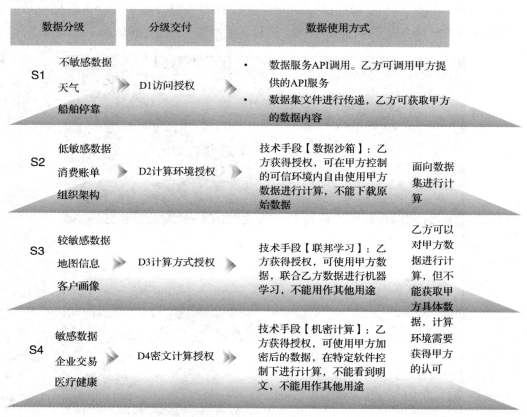

图 3-36　数据安全合规及流通交易运营模式

　　数据流通业务的核心建设目标是通过安全合规并且高效运作的数据交易平台，实现数据要素为市场多方创造价值的目的。在具体建设中，需要不同主体的分工参与和角色化支撑，首先需要明确数据要素市场的章程、制度、运营模式以及监督审查机制，进而通过数据合规平台及数据交易平台的打造，实现多方分工合作的数商平台。整体建设思路如图 3-37 所示。

3.3.3.1　数商平台

　　为了连接数据交易的各个环节、各个角色，建设成一个完整的数据流通和数据要素市场的生态，需打造一个完善的"数商平台"体系，以连接数据交易监管部门、数据交易技术服务提供商、数据提供方和数据需求方，这将有利于打造健康有序的数据交易生态系统。

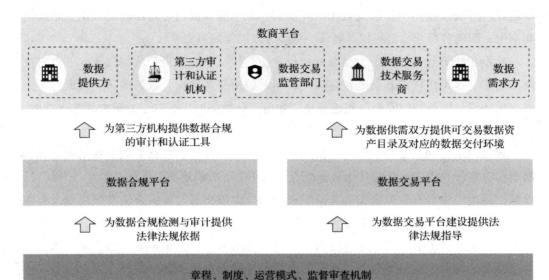

图 3-37　数据流通业务的整体建设思路

如图 3-38 所示，一个数商平台一般包括五类角色：数据交易监管部门、数据提供方、数据需求方、数据交易技术服务商以及第三方法律服务和认证机构。

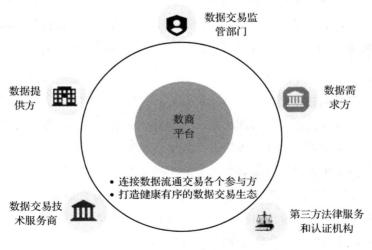

图 3-38　数商平台逻辑构成

数据交易监管部门主要负责数据流通各类顶层制度的设计，制定数据交易标准规范为数据供需双方提供交易遵从规则，以及建设数据交易中心为数据供需双方建立交易途径，并建立数据的定价及费用结算规则。此外监管部门还需要制定数据安全规范和指南，明确各行业数据的权属确认、分类分级以及隐私安全。

数据提供方包括政府、大型企业、行业协会等，有一定量的数据资源，并且有变现的需求。这类机构或其企业普遍关注的问题包括交易数据合规的确认、数据合法合规交付环境、数据如何安全合规地交易、如何保证数据的所有权、数据交易如何挂牌、定价、支付等。

数据需求方包括银行、保险、医疗机构、企业等，它们在自有数据的基础上，还期望获取本行业或跨行业的其他数据能力，以便于更准确地指导本企业的生产和运营。数据交易过程中自有保障数据安全的手段，如何保障交易过程的合法合规以及自有数据不泄露，是它们关注的焦点问题。

数据交易技术服务商一般包括数据交易的技术和产品提供企业、协会或机构，可为数据交易提供数据分类分级、数据安全防护等数据合规平台，以及为数据供需双方提供安全合规的数据交易平台。数据交易技术服务关注的问题包括需要遵从哪些法规制度才能保证提供的技术、产品和解决方案是满足安全、合规需求的；如何面对不同行业的数据提供方的数据，如何面向需求方提供合适的数据产品服务。

第三方法律服务和认证机构一般包括律师事务所、行业协会及认证机构。它们依从不同行业数据的安全规范指导，为期望进行数据交易和变现的企业提供可交易数据的合规认定。它们的需求和关注点是通过数据交易技术服务商提供的技术和工具，基于行业的数据分类分级和敏感数据策略，检测待交易数据，为数据提供方提供合规认证。

3.3.3.2 数据合规平台

具有数据交易流通需求的数据提供方在交易数据前要通过数据合规检查，数据合规平台则能够提供数据的合规检查服务。数据合规平台为待交易数据提供敏感信息识别、个人信息去标识化以及其他数据安全的防护能力，同时为第三方法律服务机构提供数据安全合规评估报告，让律所能够更加高效地完成数据合规检查工作。

如图3-39所示，完善的数据合规平台一般面向三种角色：数据交易监管部门、第三方法律服务和认证机构以及数据交易技术服务商。

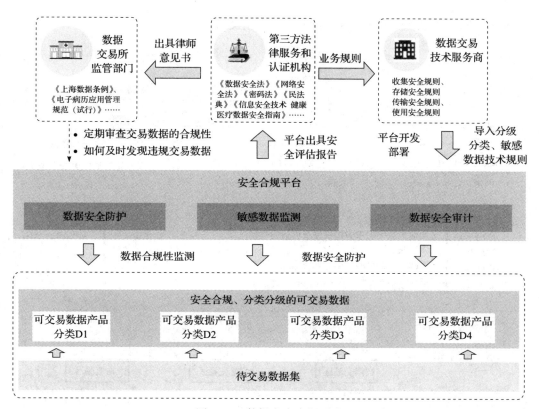

图 3-39　数据安全合规平台

数据交易监管部门定期审查交易数据的合规性，并对不合规交易流通的数据给出整改建议。

第三方法律服务和认证机构一方面解读政策、法规及行业数据安全规范指南，给出各类行业数据安全合规的规则。另一方面，基于数据合规平台出具的待交易数据的检测技术报告，根据数据交易监管规定及行业数据安全规则，出具数据安全合规评估报告。

数据交易技术服务商，主要提供数据安全合规产品和服务等技术能力，其将第三方法律服务和认证机构出具的安全合规规则转变为数据合规平台的技术标准并检测待交易数据，出具数据安全合规检测报告。

3.3.3.3　数据交易平台

数据交易平台（如图 3-40 所示）为数据提供方和数据需求方提供一个合规合法，

能面向不同流通数据的安全级别提供相应的数据交易交付环境。

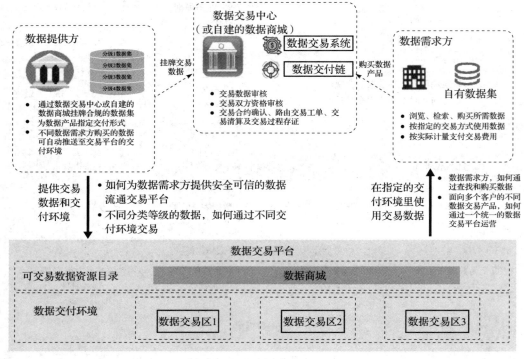

图 3-40　数据交易平台

　　数据交易平台一般由各地数据交易中心指定的具有运营资质的企业承建，此外具有数据资源的大型企业集团也可根据法规要求基于自有数据建设数据交易平台。数据提供方通过数据交易平台挂牌合规的数据集，并为数据产品指定具体的交付形式（如联邦学习、API 查询等技术交付手段）。数据需求方通过数据交易平台的数据交易门户来浏览、检索和购买所需数据，按指定的交易方式使用数据，并按实际计量支付交易费用。

第 4 章 *Chapter 4*

实　践

前文对数据要素、数据安全和数据流通的基础理论进行了介绍，以及对技术架构和具体技术进行了剖析，本章进入读者关注的实践环节。我们将介绍数据安全技术体系的落地思考与建设实践，隐私计算在流通领域中的具体应用案例，以及满足多方数据交易的数据流通平台架构等，将目前数据安全领域一些从实践中积累的相关经验分享出来，为读者提供具体的实践参考，希望对实际要执行数据安全和流通体系建设的技术管理者、架构师和技术人员提供一些技术或管理上的借鉴。

4.1　数据安全技术体系建设的落地思考

第 2 章对数据安全的合规要求和技术要求进行了系统性介绍，特别是整体的治理体系框架和各种工具。然而，企业的数据安全治理人员在运用治理体系框架和工具的过程中往往要面对很多具体的实际问题和有针对性的业务要求，因而在实际的项目落地和过程治理工作中需要进行相应的调整和适配。

本章内容由银联智策技术总监裴华撰写，介绍数据安全技术体系建设中需要重点关注的问题与应对方法，同时阐述在实践中的一些思考，以便于决策层和管理层在体系框架和工具的规划与实施中能够更全面、更有针对性地思考并解决本企业的实际问题。

4.1.1 原则性考量

数据安全技术体系的建设是一个整体性工程，需要从上到下做整体规划，再从下到上实施、汇总，参与的部门和人员往往数量众多，体系复杂。要确保在数据安全技术体系的建设和运营过程中始终围绕安全治理目标，就需要在实施之前先明确一些基本原则。通过对这些原则的考量，为所有人员提供简单的方法来判断实施路径和方向是否正确无误。

（1）明确安全是底线。数据安全相关的问题很可能导致企业蒙受巨大的损失，甚至难以挽回。务必要意识到：安全是底线要求，对于那些可能让企业蒙受重大损失的安全问题和风险，必须严防死守。

（2）明确数据只有使用起来才是资产，才能转化为资本。在数据安全技术体系的建设过程中，往往会为了安全而对数据做过多的隔离，导致在最终使用数据时困难重重，也在内部人为地增加了很多使用和运营成本。务必要牢记：数据只有使用起来才是资产，才能转化为资本。如果数据不能使用或者不便使用，那么它只是占用了存储资源的垃圾。

（3）明确数据安全中的责任人。企业的"一把手"是数据安全技术体系的第一负责人，一旦发生问题，"一把手"首当其冲，而建设、运营、使用和管理各个相关数据系统的负责人是直接负责人。务必要秉持"谁建设谁负责；谁使用谁负责；谁运营谁负责"的原则。

（4）明确将数据安全融入企业的整体战略规划中。一般而言，规模越大的企业掌握的数据对国家和社会的影响也越大。随着数据规模的持续扩大，其出现数据风险的概率也会持续增大，进而当问题发生时企业所需要承担的纠错成本会逐步升高乃至难以承受。因此，这类企业需要将数据安全融入其整体战略规划中，从公司顶层去规划和设计数据安全技术体系，避免与整体战略规划中的某些方面产生冲突，综合把控数据安全风险所带来的影响。

（5）明确在数据安全技术体系建设过程中的根本要素是人。任何系统的建设和实施都离不开人，数据安全技术体系的建设更是如此。数据安全技术体系的建设是一项对专业性和综合性要求很强的工作，专业的人才和团队是实施数据安全技术体系建设和后续运营保障的必要条件，因此务必要意识到人是其中的根本要素。对于主导数据安全技术体系建设的负责人，往往有诸多层次和方面的要求。表4-1列举了一些主要的能力要求。

表 4-1　对数据安全技术体系建设团队的能力要求

领域	能力要求
基本素质	• 专业能力：包括技术专业能力（数据、安全、工程等），以及法律专业能力（法律法规、行业规范标准） • 软技能：包括但不限于学习能力、沟通能力、领导能力、洞察力等
实际经验	• 行业经验：对行业的业务有比较深刻的理解 • 项目落地经验：具有类似项目的成功经验
主动意愿	• "躬身入局"，实干、苦干、巧干 • 深入了解企业真实需求

4.1.2　确定目标时的考量因素

确定目标是为数据安全技术体系的建设指明方向，2.1.6 节中论述了建设数据安全技术体系需要从"安全合规""风险防御"和"数据要素业务"三个方面来确定目标。那么在具体确定目标时，也有不少需要综合考量的因素，下述这些因素能帮助企业更好地思考具体的目标。

（1）坚持问题导向。在确定目标时，往往千头万绪，发现既要实现这个，又要实现那个，但是在实施中，如果确定的目标不能帮助企业解决数据安全中的实际问题，那可以说这个目标是有严重问题的，因此最简便并且容易着手的方法是面向问题来确定目标。当然在寻找问题的过程中，往往也会分三个不同的阶段。

❏ 模糊期：这个阶段总觉得哪里不对，认为这里有问题，那里也有问题，但是不能很清楚地意识到究竟本质的问题是什么。

❏ 清醒期：这个阶段基本上清楚问题在哪里，并且能理解问题，也有解决问题的手段和方法。

❏ 升华期：这个阶段从解决单一的问题，上升到解决系统性的问题，可以看到更大更广的问题范畴，并且持续思考问题的解决方案。

不同阶段的差别本质上是对数据安全技术体系认知的差别，如何提升认知呢？

首先，需要掌握挖掘问题的能力。可以通过一些常见的思维模型和工具来建立这种能力，例如：六项思考帽、5W1H 和头脑风暴等。在挖掘的过程中，可以持续穷举所有的风险和后果，通过风险矩阵来评估问题的影响，抓住核心问题。此外，还需要特别注意的是：分析时必须要结合公司和行业的具体情况和特性，以贴近实际情况。一般这个时候会邀请自己公司的业务专家和实际系统管理建设人员参与分析。当然，很多时候随着问题的逐步深入，往往还需要邀请专业的咨询公司或者行业专家，才能更好更高效地提供解决方案和建议。

其次，需要充分摸清自己的家底。应当充分了解企业自身业务和系统的数据资产情况，例如：具体有哪些系统、各个系统分别提供了哪些接口和用途、各个系统之间的边界和调用关系、数据是如何流动的、各个系统的来源分别是哪里、整个企业的网络边界、网络分隔和分层是怎么样的、具体有哪些资产以及各个系统分别用了哪些资产和资源等。这样可以更清楚地定位问题所在，并为后续具体的目标制定和方案实施等提供必要的准备。同时，务必要认识到：摸清家底不是只在开始做一次的事情，是需要持续进行更新的。因为资源、资产、系统和数据等都在持续变化，因此必须要能保持动态地更新和跟踪。

（2）权衡、取舍和排序。企业在一段时间内的资源永远是有限的，在有限的资源下，不可能一蹴而就地完成数据安全技术体系建设的所有任务，因此数据安全技术体系建设本身也是一个需要合理权衡利弊的过程。综合考量企业现有资源环境，平衡成本，合理排序和取舍，优先实现那些"最为迫切""风险概率最高""破坏性最大""性价比最高"的目标。

（3）确定小目标，小步快跑。在确定目标时，还可以将整体的大目标进一步拆解为细小目标，做到小步快跑。这样可以不断看到真实的进展和完成情况，遇到问题可以及时处理和解决。当一个个小目标完成的时候，通过成果的展示，可以鼓舞所有参与数据安全技术体系建设的成员，让大家有信心继续完成下面的目标，并且确保大目标的拼图得到逐步填充和实现。

（4）坚持以终为始，定期回顾、确认、调教和反思。在确定好目标之后，必须紧盯目标，始终对数据安全技术体系的建设路径与目标进行校准，避免产生偏差。一旦出现偏差，需要及时调整。

同时值得注意的是，"终"本身也不是一成不变的，需要根据企业数据安全技术体系的实施情况、业务情况、外部环境等定期做调整，定期确认和回顾，确保始终向着逐步完善体系的正确方向前进。当建设过程中出现问题和错误时，需结合目标、过程、方法等因素综合进行反思，杜绝类似的问题再次发生。

4.1.3 规划架构时的考量因素

规划架构是为数据安全技术体系的建设明确实施路径和步骤，并且使得各个数据体系和系统之间可以有机联系和整合起来，2.1.6 节中论述了企业需要从数据安全技术体系和组织与制度体系两方面展开数据安全治理体系的设计。其实在实际设计架构时，也有不少需要综合考量的因素，这些因素能帮助企业更好地思考架构规划中的要点。

（1）以自身实际业务和业务系统为出发点，全局性思考，合理选型，并考虑未来的可扩展性和兼容性。企业在建设数据安全技术体系时，必须从自身实际业务和现有业务系统出发，否则就是纸上谈兵，无法落地。

在设计整体架构时，应该站在整个公司的角度进行全局思考，盘清所有现有系统的数据情况、接口交互和数据流转等，并且规划好数据整体流向，再在此基础上，通过分类分级管理、加解密处理、脱敏处理、隐私计算等综合手段对数据安全技术体系进行防护和加固。而且，在具体规划中，应该综合权衡技术的选型，特别是会影响未来整体发展的核心技术点，注重未来的可扩展性和兼容性，实现长期持续建设的可能性和成本可控。

（2）认识到制度的必要性但应杜绝教条化。不同企业对于制度的认识和认知是不同的，一些企业认为制度非常重要，任何操作都需要依据具体的制度，造成流程的重复和冗长，而另一些企业认为制度可有可无，甚至有些制度只是形式。

在数据安全体系的建设过程中，制度的重要性是毋庸置疑的。制度本身也分不同层级，最高层级的数据安全制度是对数据安全体系建设目标的翻译和解读；第二层级的制度指明了体系建设的方向；第三层级的制度是体系建设和运营过程中具体操作的依据。此外，任何系统都可能有例外和异常，制度可以作为数据安全体系建设中应对异常的有效补充和快速补丁，可以有效面对审计和例外事件的处理。

当然制度应该避免冗长和流于形式，最好的方式是通过系统的流程化和自动化处理，这样既能提高效率，也能极大地避免人员流失带来的知识损失。

（3）始终注意平衡安全性和便捷性。架构精髓就是在不断地取舍和选择中保持平衡，在 4.1.1 节中已经强调过"数据只有使用起来才是资产，才能转化为资本"。那么在数据安全架构中，最需要经常平衡的就是安全性和便捷性。通过合理地规划架构和使用必要的技术手段，如分类分级、脱敏处理，API 安全防护等，尽可能兼顾安全性和便捷性。

4.1.4　实施过程中的考量因素

确定了目标，也规划好了整体的架构，接下来就需要具体实施数据安全体系的建设了。在建设的过程中，会有很多考量因素，这里列出一些以供参考。

4.1.4.1 基础技术的选择

这里所说的基础技术，包括：网络基础服务、数据库、大数据框架、防火墙、应用防火墙和威胁趋势分析等。一般来讲，如果不是专业做基础技术的公司，不太建议将过多的资源和时间投入对基础技术的研究中。一方面，专业分工越来越细化，专业的领域都有专业的公司，不管在哪个领域，要想做深做细，都需要投入大量的资源。而且，目前安全问题始终处于攻防双方持续对抗的阶段，这就意味着做深做细还需要长期和持续投入资源。但是企业在某个时刻的资源总是有限的，应该尽可能地将资源投入自身的主营业务中。另一方面，基础技术的研究往往需要花费大量的时间，这就导致整个数据安全体系的建设周期很可能被拉得很长，迟迟见不到效果。

当然每个企业的情况不同，要求也不同，那么可以选择不同的基础技术，例如选择开源服务，或者开源＋订阅服务，再或者索性选择商业化服务。这个选择要考虑很多因素，例如组件的可控性、开源社区的活跃程度、对于软件版本的长期支持性、对于问题出现时解决和响应速度的要求、对于软件国产化或者信创的要求、对于复杂数据和安全问题处理的支持能力，甚至提供基础技术的公司的发展前景和稳定性等。特别要注意的是，基础组件的重置成本往往很高，在选择的时候必须要慎重。

如果采用商业产品，那么在选择时可以考量以下列举的一些因素。

❑ 厂商基本面，主要包括厂商的资本实力、履约能力、服务能力（包括支持时效、解决问题团队的能力和服务延续性）、技术领先性和安全专业能力。

❑ 同类产品，主要包括同类产品的价格（包括后续维护费用、安全升级费用）、技术指标（包括稳定性、性能、可扩展性、可维护性和恢复能力等）、可替代性和替代成本、国产化（信创标准）、生命周期、合规性要求（是否满足法律法规要求、是否满足相关国标、是否满足行业规范标准、是否满足等保要求等）。

❑ 所服务的客户。

❑ 圈子内的口碑。

4.1.4.2 业务场景化开发中技术的选择

上一节也提到，一般很少有公司会从基础技术直接开始实施，在基础技术选定之后，还需要对数据安全体系应用进行场景化开发和实现。这时，有些厂商也可以提供整体的数据安全体系应用场景化解决方案，但是即使这些厂商的方案再成熟（厂商一般会进行通用化设计以降低成本，但这样无法完美贴合每个企业的具体情况），往往也需要经过必要的适配和集成，才能较好地满足企业实际情况。也就是说，企业无法独立完成数据安全体系的整体建设，它必须要选择自主开发集成、厂商开发集成或者第三方（特指不拥有现有成熟产品和解决方案的第三方项目服务公司）开发集成。

表 4-2 中详细比较了三种开发集成方式的利弊情况，企业可以根据自身的实际需求和情况进行选择。

表 4-2　不同建设方案的优劣势对比

	自主开发集成	厂商开发集成	第三方开发集成
需求满足程度	● 强 ● 由自己的专门的研发团队开发，可以充分满足需求	● 中 ● 受制于产品本身，往往可能会面临一定的需求裁剪问题，特别是未来新的功能实现也会受制于厂商产品路径规划	● 中 ● 往往立足于项目，而考虑到成本和时间等情况，也难免可能出现需求裁剪的情况
源码自主把控性	● 强 ● 由自己的专门的研发团队开发，可以对源码有充分把控	● 中 – 弱 ● 由厂商负责集成开发，产品核心代码和场景化代码能否以源码形式交付，需要跟厂商进行磋商	● 中 – 弱 ● 第三方公司集成往往没有其他公司的核心产品，因此一般只交付场景化的代码
未来扩展能力	● 强 ● 由自己的专门的研发团队开发，如果整体架构设计合理的话，那么在未来扩展能力应该比较强	● 中 ● 由厂商进行开发，即使厂商经验比较丰富，但受限于内部的系统和固定的产品模式，扩展能力欠佳	● 弱 ● 由第三方公司进行整合，但是这些公司往往更专注于项目，缺乏对于企业本身架构产品的整体规划，因此整体扩展能力较弱
系统可变的灵活性	● 强 ● 由自己的专门的研发团队开发，可以比较自主灵活地进行调整和修改	● 中 – 弱 ● 基本上受限于产品本身，即使产品本身有一定的扩展性和场景可定制，可变灵活性也会降低	● 中 – 弱 ● 基本上受限于产品本身，即使产品本身有一定的扩展性和场景可定制，可变灵活性也会降低
和现有内部系统的适配整合程度	● 强 ● 由自己的专门的研发团队开发，可以比较自主控制，并且整体设计规划和现有内部系统之间的适配与整合	● 中 ● 由厂商开发，和现有内部系统的适配整合往往比较困难，需要依赖企业内部协调和规划	● 中 ● 由第三方公司开发，和现有内部系统的适配整合往往比较困难，需要依赖企业内部协调和规划
上线周期	● 长 ● 企业需要自主组建研发团队，会产生一定的学习成本和周期，因此整体上线周期会偏长	● 中 – 短 ● 由于大部分厂商会基于现有产品进行开发，因此可以有效降低上线的周期	● 中 ● 第三方公司有一定成功案例和经验，可以帮助项目尽快上线

（续）

	自主开发集成	厂商开发集成	第三方开发集成
初期建设成本	• 高 • 企业需要自主组建研发团队，会产生一定的学习成本和周期，同时需要很好地规划整体架构，因此往往初期人力资源投入较多	• 中 • 由于大部分厂商会基于现有产品进行开发，因此可以有效降低研发的成本。部分厂商为了进入某些行业获取成功案例，可以平价或者低价实施项目	• 高 – 中 • 由第三方公司开发，他们拥有一定成功经验，可以帮助项目落地，但开发成本相对偏高。不排除部分公司为进入某些行业可以平价或者低价实施
后期维护成本	• 高 • 项目完成之后，依然需要保持一定的团队规模来维护系统。而原先的研发团队要么投入新项目，要么转入其他业务的开发	• 中 • 项目完成之后，要么交付给企业内部进行维护，要么继续购买服务持续进行维护。如果由厂商维护，则维护成本需要跟厂商进行磋商	• 高 • 项目完成之后，要么交付给企业内部进行维护，要么继续购买服务持续进行维护。如果由第三方维护，则整体维护成本会偏高

4.1.4.3　法律与风险管理专业服务的选择

在数据安全体系的建设过程中，数据安全治理人员必须要持续关注和学习各级法律法规的最新动态变化，持续跟进最新判例的解读，了解行业规范标准的最新情况，持续推进法律合规的落地。因此除了要建设企业自身法律和合规团队，有效合理地借鉴外部力量并形成一套法律法规和合规体系的完整架构体系也非常重要。这些外部力量包括：专业的数据安全咨询公司、审计公司、行业协会和律师服务等。适当地选择相关的服务或者积极参与到行业协会相关的标准制定过程中，将有助于公司在法律法规的体系中得到有效的保障。

4.1.4.4　注重建设后的数据安全运营

在企业内部经常会出现"重建设、轻运营"的情况，其实在整个数据安全体系的建设过程中，项目建设阶段一般只占 30% ～ 40% 的时间，甚至更少，大部分时间处于"运营"阶段。在这个阶段中，利用已经建设起来的系统，通过系统自动化、监控、审计、管理、审批、制度执行等综合手段，合理、全方位地保障数据的整体安全。

4.2　如何建设一个安全的数据中台

数据中台是大数据场景中实现数据汇聚、密集计算并对外公开数据的重要业务场所，其业务目标就是为各类业务用户提供满足多样化业务需求的开放数据服务。由于数据服务具有开放性，因此数据安全风险随着数据服务规模的增长而同步增长。为此，承担责任风险的数据中台运营者和数据责任人需要设计一个能够支持数据安全技术体系落地的安全中台架构，同时辅助以行之有效的安全治理方案，保证数据中台的安全可靠运营。本节将通过建设一个安全的数据中台，为读者提供一个较为清晰的参考。

4.2.1　数据中台的安全风险分析与总体设计方案

图 4-1 展示了典型的数据中台架构。业务流程为贴源层实现对数据接入区多维数据的汇聚；共享层对贴源层的数据进行整合、转换，形成符合企业标准的明细数据；分析层基于共享层形成的明细数据，展开针对业务需求的分析活动，输出用于公开共享的数据结果集；服务区以数据开放服务目录的形式对外提供以数据 API 接口服务为主的数据服务，实现面向企业内外的数据公开共享。

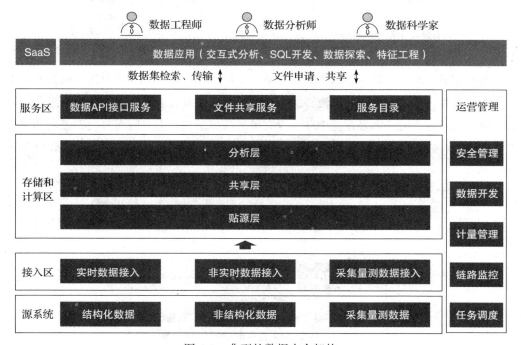

图 4-1　典型的数据中台架构

数据从接入区进入数据中台，经过各种计算后产生结果，并从共享环节流出，这条数据链路里包括原始数据、大量衍生数据和用于公开共享的结果数据。

传统网络边界防护、数据加密传输、加密存储等静态手段，以及用户身份认证及权限管理等手段，由于不具备数据分类分级的识别能力，因此对这些在基础设施中流动、最终对数据使用方开放的数据无法提供所需的安全保障能力。

其中在数据接入阶段，虽然有些企业基于人工标识进行分类分级数据梳理，但由于不具备自动化分类分级工具的能力，因此随着数据的不断收集和业务数据的变化，中台运营者不能持续保证分类分级结果的准确性和完整性。

在数据分析计算阶段，原始数据经过关联、聚合和单值计算等各种加工后，在中台中不断产生衍生数据结果，而分类分级信息在这个过程中会逐渐模糊不清和丢失，如图 4-2 所示。

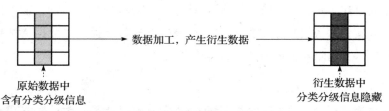

图 4-2　衍生数据的分类分级信息丢失

在数据共享环节，即最终数据流出环节，虽然 API 网关一般配置有接口的开发、发布和审批流程，但站在敏感数据流转的全生命周期角度看，数据的分类分级信息在对外共享前可能已经丢失，如果在这个环节没有敏感数据感知能力，则面对数据黑盒的审批也不能做到有效防护，一旦数据流出到更开放的领域，就更无法追溯了，如图 4-3 所示。

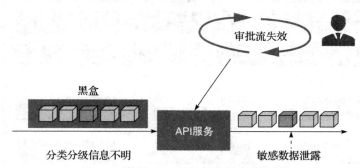

图 4-3　数据 API 服务的审批管理失效

传统的安全审计管理，用于实现操作人对数据的操作过程行为留痕，但也是面对数据黑盒的审计，无数据流转信息、无全生命周期维护、仅针对行为人的孤岛型审计不能解决针对分类分级数据的安全监测。

基于以上分析我们可以看出，针对数据对象的安全防护，现有数据中台的安全管控能力存在诸多不能覆盖的情况，不能满足数据安全法律法规的要求，数据安全治理人员已经暴露在责任风险中，归纳如下：

- ☐ 不能在整个生命周期中对数据进行安全级别的识别和管理，已标识安全级别的数据在流转后丢失分类分级信息；
- ☐ 不能在数据共享环节对敏感数据进行安全感知和管理，面对黑盒数据，审批手段无效；
- ☐ 数据共享流出后没有追溯手段，一旦进入开放领域，则完全失去责任管控；
- ☐ 没有提供针对数据安全管控的监测能力。

针对以上安全不足的现状，提升数据中台安全管控能力的核心是对分类分级数据在数据中台流转的全过程进行识别和追踪，从数据进入贴源层开始，经过各阶段计算加工和内部衍生传播，直到以 API 方式完成数据共享。在此核心能力之上，再实施事前预防、事中控制和事后管理，从而实现对数据内部流转和外部共享的全链路的安全管控。图 4-4 给出了数据中台管控能力安全落地的总体方案，包括数据层、资产层、能力层以及管控层。

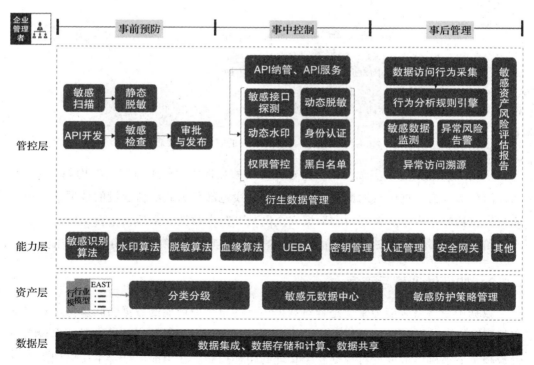

图 4-4　企业数据中台数据安全解决方案

在数据层之上围绕分类分级和防护策略管理建立资产层，对数据在数据中台全流程的分类分级实现可见和细粒度的策略防护。通过资产层，为数据中台保障数据全生命周期的安全级别可见性，以及明确应以何种策略进行防护。

能力层提供围绕数据安全识别和防护所需的各种组件能力，如：数据规则识别能力支撑自动化分类分级；基于数据血缘实现对衍生数据的追踪能力，以防止分类分级属性丢失；脱敏、水印则提供数据中台必须具备的数据处理能力；API 安全网关通过流量探测实现了数据安全的可见性，并进一步提供动态脱敏、动态水印等能力。这些技术能力可以参考 2.2 节的相关内容。

管控层以资产层和能力层作为支撑，数据中台实现对各业务场景下违规事件的事前预防、事中控制和事后管理，如图 4-5 所示。事前预防部分，如数据使用前先完成脱敏，提供基于数据检查的 API 安全开发和安全审批发布，可以预先阻止相关违规事件；而 API 服务的动态安全防护可以在事中控制违规事件的影响；事后管理部分，如敏感数据访问监测可以对违规事件进行追溯等。

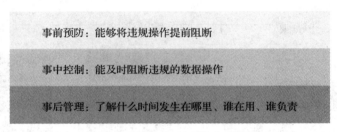

图 4-5　事前、事中和事后的安全管控要求

以某个大型企业的实践为例，其建设完成的数据中台的整体安全架构如图 4-6 所示，深色部分为数据中台的原有系统和能力，浅色部分为此次新建设的数据安全相关能力，包括数据安全运营平台和数据安全网关。其中数据安全运营平台主要打造了资产层和能力层，而数据安全网关可以帮助企业实现事中控制和事后管理的管控能力。

4.2.2　如何做到事后管理

数据中台事后级能力主要是针对数据中台的全生命周期的数据访问事件进行安全合规监测，保障管控措施落实到位、防范漏洞，当发生异常访问和操作时，实现实时告警和事后追溯，形成针对数据安全管理的闭环控制。在当前数据全生命周期的安全管控要求下，传统审计存在以下问题。

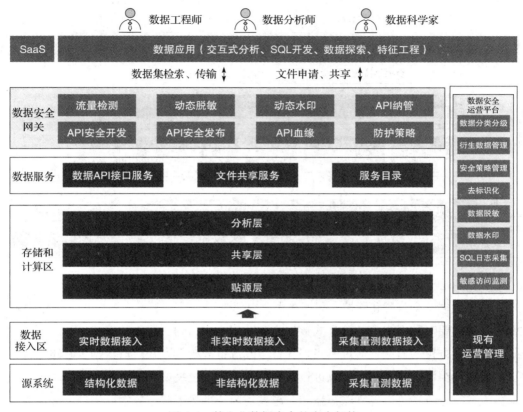

图 4-6　某企业数据中台的安全架构

❑ 孤岛型审计：日志散布于中台众多组件中，每个组件的审计仅针对自身的局部操作，彼此在数据上割裂，对于流动于中台的数据，难以建立一个完整的操作链路事后追溯机制。

❑ 非数据对象的审计：审计侧重于行为人的操作，不是以数据对象为审计视角，从而找不到数据识别与流动追踪的监测视角。

❑ 缺乏分析能力：不能进行深度的计算分析，需要依赖人工去检索识别不安全事件，这在海量中台访问事件的场景下，只能做一些明确事件的事后检索。

在中台实施事中级数据安全加固后，新增的安全管控策略是否有效实施，是否存在意外或人为漏洞？针对此问题也需要辅以新的数据安全监测与管控手段，以用于覆盖全生命周期的数据监测目标，形成数据安全加固的完整闭环。下面我们主要介绍数据安全监测与敏感数据识别相关的系统，总体架构如图 4-7 所示。

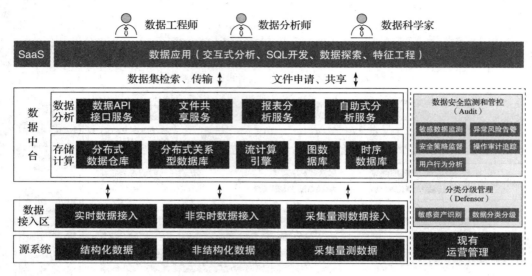

图 4-7　满足事后管理级的数据中台架构

（1）数据安全监测和管控。数据在中台内部流转的每一个环节都有可能发生泄露，因此我们需要对数据中台的分布式数据库和数据仓库，到上层的数据接口服务和文件服务进行全方位的监测，通过采集审计日志或流量分析等方式获取数据全链路操作记录，以在数据发生泄露时，可以进行追溯。此外，通过决策引擎对用户行为和敏感数据行为进行分析，可以发现账户盗用、越权访问、批量下载、异常操作等安全风险事件。综合来看，数据安全监测和管控包括下述关键技术能力。

❑ 敏感数据监测：根据识别出的敏感数据，对敏感数据的操作进行监测。

❑ 安全策略监督：对指定的数据安全防护策略是否执行进行监督，例如若数据安全网关对外暴露某敏感数据但是没有设置脱敏或水印，则发出告警。

❑ 异常风险告警：基于决策引擎和用户实体行为分析，监测采集的审计事件是否存在用户登录异常、授权操作异常、越权访问、异常操作、SQL 注入、批量下载、账户盗用等安全风险事件，如果存在则发出告警。

❑ 操作审计追踪：对于安全风险事件，能够追踪导致该事件产生的异常操作。

❑ 用户行为分析：支持对用户以及审计实体的行为分析，分析和学习用户画像，计算智能基线，供决策引擎使用。

（2）敏感数据识别。敏感数据识别模块作为基础能力，主要基于现有数据中台，为数据安全监测提供敏感数据识别功能。敏感数据识别在事后管理环节包括以下关键技术能力。

❑ 基于专家规则和人工智能的敏感数据发现技术，自动扫描全局敏感数据，能对字段名、字段内容、字段注释、表注释等进行匹配挖掘。

❑ 对于敏感数据和非敏感数据，支持定义不同的安全防护策略，如限制访问、脱敏、水印等，可将该策略同步至安全网关、监控等组件作为统一策略执行。

❑ 支持多个数据库与数据平台，支持扫描多个数据库和数据平台组成的全链路系统。

❑ 基于高可用工作流调度服务，提供定时扫描敏感数据任务，帮助客户周期性、自动发现敏感数据。

4.2.3　如何做到事中控制

事中控制级能力的建设需要实现对敏感数据的动态发现、动态追踪、动态脱敏等动态防护能力，将安全合规问题控制在数据流转过程中。数据中台对外的能力输出方式一般包括文件、数据接口、数据指标或标签等，我们将以数据接口为例来做进一步阐述。

如图 4-8 所示，数据接口服务将大数据平台和数据库中的数据直接作为结果集或经过运算后的结果对外提供接口服务，这个方式可以让应用更好地使用数据，是目前微服务开发的主要应用模式。对数据的接口开放就会带来对接口的安全治理要求，这部分工作又分为两个部分，一是对敏感数据接口的识别，二是对相关敏感接口的管控。

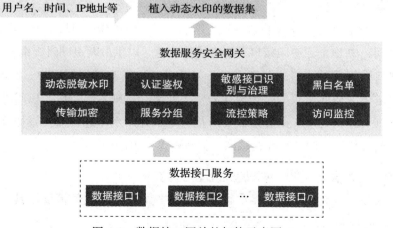

图 4-8　数据接口网关的架构示意图

4.2.3.1 敏感数据接口的识别

首先，内部流转过程中已经识别出了敏感数据并进行标记，对于直接使用这些敏感数据的接口，我们将其标记为敏感接口，并进行安全管控。具体识别方法为：将内部流转过程中识别出来的敏感数据，与接口使用的源数据进行对比，如果存在交集，则将该接口标记为敏感接口。

其次，对于未直接使用敏感数据的接口，这些接口有可能也存在敏感数据，因此我们需要对其进行自动识别，如果涉及敏感数据，则需要将该接口标记为敏感接口，并进行安全管控。具体识别方法为：使用训练好的敏感数据识别模型，对接口的源数据、配置信息、结果集进行鉴别，判断是否包含敏感数据，如果是则将其标记为敏感接口。

最后，对于少部分内部逻辑复杂且不透明的接口，我们需要结合智能识别和人工审查对齐进行分析，判断是否涉及敏感清单数据，如果涉及则需要将其标记为敏感接口，并进行安全管控。具体识别方法为：使用敏感数据识别模型对这部分接口进行鉴别，再人工对鉴别结果进行确认，如果确实涉及敏感数据，则将其标记为敏感接口。

4.2.3.2 敏感数据接口的管控

对于上面三种情况标识出的敏感接口，我们需要对其采取下述防护手段。

❑ 数据服务安全网关和数据水印：在原有数据中台的数据接口服务之上，可以选择添加数据服务网关，该网关能够对包含敏感数据的数据接口服务添加水印信息，水印信息包括请求服务的用户名、请求时间、网络地址、接口名等信息。当敏感数据被泄露时，根据水印信息我们能够还原出调用者的信息，从而确定数据泄露源头。

❑ 接口安全监测：采集并解析数据服务安全网关的审计日志，记录访问的用户、时间、IP 地址、访问接口、请求体等信息，以供后续追溯时查询使用。

❑ 接口数据管控：对这些调用进行异常分析，判断访问的用户、时间、IP 地址、请求体、访问次数等是否存在异常，如果存在则发出告警，以邮件或短信通知管理员进行处理。此外还需要对接口是否开启水印进行监控，如果没有开启则发出告警，说明接口存在敏感数据泄露无法追溯的风险。

4.2.3.3 数据服务安全网关的关键能力要求

数据服务安全网关是整个事中控制环节的核心，因此我们需要对其提出一些比较关键的技术能力要求，包括以下要求。

- 支持接口的动态脱敏和水印植入，能够在线反馈脱敏数据结果，并且支持对接口返回的结果集和下载的文件动态植入水印。
- 支持对接口的动态扫描和动态脱敏，对敏感数据动态识别和实时防护。
- 支持细粒度的安全防护策略配置能力，可以对不同的接口设置不同的安全防护策略。
- 业务分组，通过将服务和资源按业务分组绑定，实现服务的 SLA，避免部分服务超载导致整个系统雪崩。
- 支持接口版本管理，支持灰度发布，动态调整新旧版本间的流量比例。
- 支持对现有接口服务的纳管，防止因为数据安全网关的引入造成现有接口服务的业务中断，或者要求现有业务做大量侵入性的改造。图 4-9 给出了具备纳管能力的安全网关技术模型。

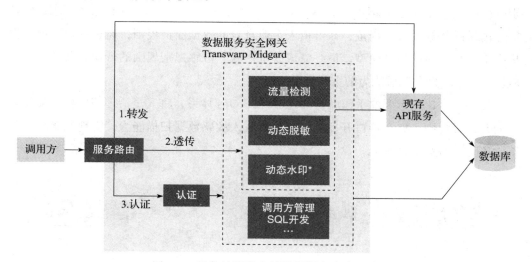

图 4-9　具备纳管能力的数据服务安全网关

4.2.4　如何做到事前预防

事前预防级能力的建设目标是提前阻止数据安全不合规事件的发生，基于对数据的安全性感知，阻止敏感数据被访问、被共享。对于数据中台来说，其是否能做到事前预防主要取决于：

- 在数据访问场景下，能否在敏感数据被访问之前就进行阻止；
- 在数据共享场景下，能否在数据被共享之前就进行阻止。

如图 4-10 所示，在数据处理的阶段，我们就可以通过给数据脱敏或加密的方式来减少后续数据安全风险。数据从接入层进入中台后，即进入数据的加工流转过程，最终有价值的数据分析结果通过数据分享环节流出。有效阻断敏感数据泄露的操作是在数据进入中台时就实施敏感数据扫描、敏感数据识别，进而及时脱敏，以保证后续数据访问的安全。当然，这只适合敏感数据不影响后续业务加工分析要求的场合。

图 4-10　数据使用前进行脱敏处理

提前脱敏的难点是除了在管理上要在数据流转前就实施外，主要还要保证敏感识别的准确性、脱敏的可靠性。需要根据《数据安全法》《个人信息保护法》要求，覆盖行业内敏感数据的管理规范，并可植入企业自身的数据保护规则，通过有效的训练得出准确和高容错的识别模型，最终完成脱敏措施。敏感识别规则的行业完备性、可扩展性是敏感识别和脱敏能力的重要衡量指标。

另外一个比较重要的手段就是构建 DevSecOps 体系，将安全治理能力植入应用程序的开发过程中，如在接口开发及发布流程嵌入敏感数据扫描能力，实现发布环节的事前预防，如图 4-11 所示。

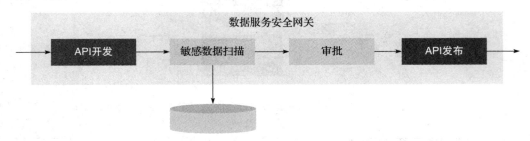

图 4-11　针对数据 API 的 DevSecOps 流程

另外，事前防护可以通过构建预发布环境来实施。可在测试环境部署待发布数据共享接口的预发布环境；然后，基于预先构建的接口用例进行数据安全访问测试；通过事中动态扫描和事后安全监测的结果，得到预发布接口的安全性评价，从而由数据安全治理人员决定是否正式上线发布接口。以上措施需要进行治理流程设计，以及测试、运维等团队的协作。由于 DevSecOps 是一个非常大的技术话题，也不是本书的重点范围，因此本书不展开讨论。

4.2.5　落地实施方案的对比总结

　　数据中台安全建设的实施方案需要贴合企业的中台现状以及安全业务需求来展开设计，不需要一味追求完备性，因为数据安全的建设是难以一蹴而就的，建设成本也会随着成熟度要求的不同而存在较大差异。

　　事后管理级是最基本的安全防护等级，它通过采集安全事件、操作日志等安全行为相关的数据，结合大数据的实时分析能力和敏感数据识别能力，可以在一些数据安全事件发生后，及时做到对异常访问或操作行为的溯源，从而配套合适的治理手段。站在安全成熟度评估的角度来看，事后管理级是最基本的数据安全成熟等级，主要适合对企业数据内外部共享不是特别多或者有良好的网络隔离环境的企业。

　　事中控制级适合有大量数据业务的企业，大量数据服务直接赋能业务，因此其数据暴露的通道比较多，安全风险也更高，因此只能对安全事件做到事后管理是不够的，必须在数据访问的链路中就可以做到安全风险的可控制。要实现事中控制，企业就需要能够规范数据访问的通路，建立一整套基于数据库或者网关的动态脱敏或水印机制，以及比较完备的访问控制系统。

　　而如果企业需要进一步加强其数据安全控制能力，那就需要能够做到事前预防，将可能存在安全风险的通道提前阻断。比如面向互联网的应用，其可能面临着黑客或黑产行业的主动攻击，从而存在数据安全问题，因此企业需要能够在产品上线前就预测可能出现的问题并事先规避。其主要的治理动作包括两点：一是通过静态脱敏或加密等方式让应用使用的数据最小化，从而安全风险也降低；二是建立 DevSecOps 体系，把安全治理注入应用开发中，确保应用的技术架构和代码实现对数据的安全防护有足够的设计，如个人数据的脱敏保存、不使用有漏洞的第三方代码等。

　　表 4-3 对上述三种等级的安全管控策略进行了对比。

表 4-3　三种等级的安全管控策略对比

安全管控等级	主要建设能力	数据安全等级	建设成本	适用的企业
事后管理	数据访问行为采集 安全分析能力建设 敏感数据监测能力 异常风险告警和溯源能力	基础级	低	数据对外开放较少，主要做合规需求

（续）

安全管控等级	主要建设能力	数据安全等级	建设成本	适用的企业
事中控制	事后管理级所有能力 API 网关纳管数据通道 动态脱敏和水印 统一访问控制等	成熟级	高	在线数据服务多，但主要是企业内部场景
事前预防	事后管理级所有能力 事中控制级所有能力 静态脱敏和加密落地 DevSecOps 体系建设	完备级	更高	大量在线业务，如互联网APP 或出境业务

4.3 基于隐私计算的数据流通应用

从应用维度，隐私计算可划分为多方安全计算与联邦学习。多方安全计算作为通用的隐私计算技术方案，通过利用各种加密算法，可在各方不泄露输入数据的情况下实现诸如联合查询、联合统计等多方协作计算应用。而联邦学习作为一种加密模式下的隐私建模技术，可确保在各方不泄露原始数据的前提下完成联合建模，优化业务模型，共享合作收益。此外，各方在属于自己的平台中完成数据的接入与本地计算，由协调方负责将两方模型中间加密数据汇总为全局模型，帮助完成优化业务模型的目标。

提供多方安全计算与联邦学习的服务平台应保证各角色仅拥有对自身数据的访问权，同时具备数据接入、数据预处理、匿踪查询、隐私求交、模型管理、联邦节点管理、联邦任务管理、计算资源管理等功能。以下将分别介绍多方安全计算与联邦学习在数据流通中的应用案例。

4.3.1 基于多方安全计算的数据流通案例

多方安全计算因其可在不泄露输入数据的情况下完成多方的数据协作，其相关加密技术如不经意传输、混淆电路等正广泛应用于联合查询、联合统计等应用场景。下面将分别介绍两个基于多方安全计算的数据流通案例。

4.3.1.1 个人"四要素"核验

在保险业务场景中，保险公司在履行对投保人的保险业务之前首先需要对投保人提供的各类个人信息与相关证明进行核验工作，但对于保险公司这类非监管且非政府机构而言，其核验过程难免存在相关漏洞。比如针对投保人提供的各类材料，保险公司难以防止投保人伪造相关资产与各类个人信息证明，此外对每位投保人的个人信息进行仔细核验会产生大量人力相关成本，需要投入大量具有一定经验的人力进行资料审核。

典型的核验场景为投保人个人"四要素"核验，即对投保人的姓名、身份证号、手机号、银行卡号的真实性和一致性进行核验，核验过程如图 4-12 所示。

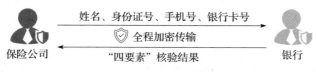

图 4-12　"四要素"核验过程

保险公司首先将真实查询项及干扰项加密后发送到数据提供方进行查询，数据提供方根据实际场景可为银行或相关政府部门。然后数据提供方基于不经意传输技术将查询结果加密后返回给保险公司，保险公司仅可对真实查询项的结果进行解密，数据提供方无法知晓其真实查询项，而真实查询项以外的其他结果双方均不可见。

通过匿踪查询可较好解决四要素核验中的材料真实性与人工核验成本问题，规避关键信息缓存、泄露及非法处理等风险。

4.3.1.2　风险人员跨域交集查询

在金融场景中，各银行需要根据自身业务需求构建风险人员库，但受限于风控业务开展阶段中的保密要求以及日渐严格的数据隐私保护要求，各单位组织正面临敏感数据安全流通、安全共享难问题，且对风控业务开展将造成不利影响。

而在多方安全计算的加持下，各银行可以首先通过隐私求交实现风险数据的流通与共享，打破数据壁垒，提升风控效果。而监管机构在进行相关风险排查时，可通过匿踪查询"调用"银行风险人员的相关数据，实现跨域联合风控。

具体实现架构如图 4-13 所示。

在风险人员跨域交集查询场景中，我们首先需要生成跨域交集名单。此时需要使用隐私求交，可在数据不明文出库的情况下完成跨单位跨域数据求交，且在各方样本对齐后，各方仅能获取对齐 ID 的结果，无法获知对方不在交集中的 ID 或是除 ID 列以外其他特征的明文信息，保护各方各自的信息不被泄露。

当交集名单生成后，匿踪查询服务可供银行将风险人员相关信息以安全方式提供给监管或其他有关部门进行查询。在匿踪查询过程中，首先将真实查询项及干扰项加密后发送到银行侧进行查询，银行将查询结果加密后返回给查询方，但银行并不清楚查询方的查询目标，在保证信息不直接暴露的情况下实现风险人员数据的安全流通和共享，全面提升风控业务效果。此外基于非明文查询的匿踪查询技术将进一步保障信息安全，防止查询目标泄露或被非法利用。

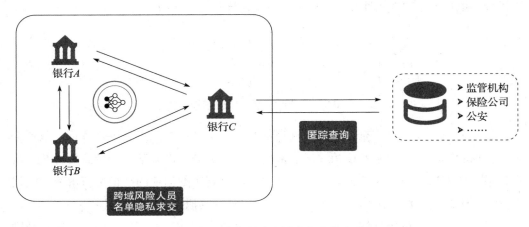

图 4-13　风险人员跨域交集查询方案

为确保数据流通全过程安全，在风险人员数据接入平台之前，可通过提前对原始数据实施分类分级、脱敏、差分隐私、数据水印和溯源能力建设等数据安全治理手段，从数据获取源头保证隐私安全。当数据安全治理完成后，将脱敏后数据或差分隐私数据发布至多方安全计算平台，再经相关数据预处理与分析之后，便可通过多方安全计算平台实现匿踪查询与隐私求交服务。

4.3.2　基于联邦学习的数据流通案例

近几年来，国家正大力推进政府数字化转型，但随之而来的便是每天大量的数据累积。如何充分利用越来越多的政务数据并确保其安全流通，成为摆在决策者面前的一道难题。

群租房作为城市化进程中的"顽疾"，由群租房引发的公共安全事件和各类纠纷、矛盾屡见不鲜。群租房通过改变房屋结构和平面布局，把房间分割改建成若干小间，分别按间出租或按床位出租。为配合政府部门打击群租房问题，消除群租房存在的安全隐患、经济纠纷、财产损失、社会矛盾和不安定因素等，电力有关部门依托用电信息采集系统提出"基于用电信息采集系统的群租房智能分析"排查方案。

而在实施该方案进行排查时，由于数据的特征局限于电力相关，特征维度相对比较单一，因此导致实际排查效果不佳。经研究发现，群租房现象在用水特征上也有一定体现，因此可考虑通过纵向联邦学习，在保障数据隐私安全的前提下将电力数据与用水数据结合，扩充特征维度，有效提升模型准确度。

在实际应用中，采用三方的纵向联邦学习框架。其中，主动方为某电力部门，其作为联邦学习任务的发起方，提供用电数据（包含是否为群租房的标签）并定义模型参数等信息。参与方为政府水务相关部门，提供的耗水数据参与联邦建模（不含标签）。协调方则部署于相关群租房主管部门内，作为安全监管第三方，负责提供算力与分发秘钥。

为完成联邦学习从数据接入到训练、预测的全过程，需要分别在三方部署大数据平台、机器学习平台、联邦学习组件。其中大数据平台提供底层操作系统与相关数据管理支持，机器学习平台负责对数据进行预处理与实际建模过程中的机器学习运算，联邦学习组件则提供联邦学习任务流程以及加密算法支持。在平台环境部署完成后，电力部门与水务部门便可分别在自己的环境中接入用电数据和耗水数据准备开始联合建模。

上述各方的平台环境部署架构如图 4-14 所示。

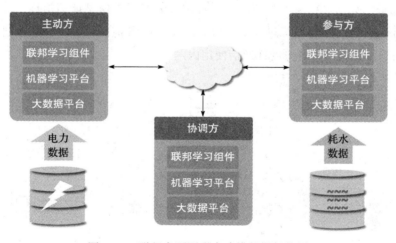

图 4-14　群租房预测联合建模部署架构图

在联邦建模开始之前，各参与方需要对自身数据在本地环境内进行一系列数据预处理。一般情况下，联邦学习平台应自带相关可视化功能，使数据处理可在平台上快速完成。下面是常见的处理过程。

（1）数据清洗。在原始数据中，难免有低质量列和数据缺失现象，此时可根据缺失值比例、类 ID 列程度以及类别单一度剔除低质量列，针对缺失值则可根据实际情况进行中位数或众数填充。

（2）本地特征工程。根据实际数据情况，需要对本地数据进行一系列特征工程计算，将数据转化为可以训练的形式，并可根据实际业务场景设计一些人工特征，如对部分特征进行计算或统计的结果。

（3）数据质量评估。主动方可对参与方本地数据质量进行评估，并可对评估标准进行设置。一般情况下，数据质量评估可基于重复、缺失等维度。此外还可进行联邦数据质量评估，用以从建模角度评估参与方数据质量。

（4）样本对齐。在纵向联邦学习中，需要通过隐私求交，使得双方在样本对齐后可获取对齐数据的 ID 结果，为符合隐私要求，双方无法获知对方不在交集中的 ID 或是除 ID 列以外其他特征的明文信息，能够保护主动方、参与方各自的信息不被泄露。

（5）联邦特征工程。在双方数据对齐后，主动方可在此步骤定义预处理算法，对数据进行模拟融合情况下的联邦特征处理。常见的联邦特征工程方法有特征尺度变换、联邦字符串索引、联邦标准化等。

数据准备完成后，根据实际情况输入建模参数并设置模型评估指标，即可开启联邦模型训练。在纵向联邦训练过程中，数据的流转如图 4-15 所示（在建模过程中各方之间的通信均使用公网，各方内部通信使用内网）。

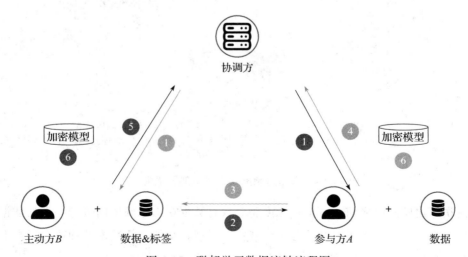

图 4-15　联邦学习数据流转流程图

下面按序分析图 4-15 中的步骤。

①由协调方创建密钥对，并将公钥发送给参与方 A 和主动方 B。

②主动方 B 计算自己特征的中间结果以及损失值，加密后发送给参与方 A。

③参与方 A 计算自己特征的中间结果以及损失值，加密后发送给主动方 B。

④参与方 A 计算加密后的梯度并添加掩码发送给协调方。

⑤主动方 B 计算加密后的梯度、总损失值并添加掩码发送给协调方。

⑥协调方解密梯度和损失后，将结果返回给 A 方和 B 方。A 方和 B 方解除掩码并根据梯度信息更新模型参数。

在本案例中，实际的联邦建模流程如图 4-16 所示。首先分别对用电数据和耗水数据进行数据清洗与特征工程等数据预处理，在得到适合建模的特征后，陆续完成样本对齐与联邦层面的特征工程便可开始联邦学习模型的训练。

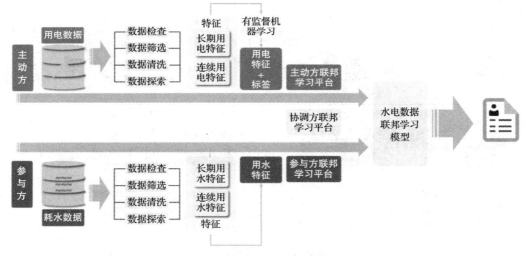

图 4-16　群租房预测联邦建模流程图

在模型训练完成后，即可将其他待预测用户的水电数据应用于模型以生成群租房预测名单。在联邦建模过程中，全程明文数据不出库，原始数据全程留在本地，不进行任何的明文数据交换。由于主动方、参与方、协调方仅使用加密后的中间结果、损失值和梯度进行数据交换，因此可以有效保护居民用水用电的数据隐私信息。

结果表明，联合训练模型群租房识别准确率达到 86.7%（AUC 指标），相比单独使用用用电数据训练的模型，指标值提升 10% 以上。

通过本次实践，联邦学习成功探索出了政务数据的应用价值并保证了过程中数据的安全流通，助力政务决策实现高效处理与分析，为政府有效排查群租房，消除群租房造成的消防、安全隐患，打造和谐、安全、美丽的生活环境做出了突出贡献，为政务决策、民生建设发挥信息化支撑保障作用。

4.4 数据流通交易平台的架构

在数据要素市场建设的大背景下，需要整合数据安全防护、大数据隐私保护、可信计算、联邦学习等关键技术，为数据提供方、数据交易所和第三方机构等市场参与方提供满足安全合规要求的数据流通平台产品和方案。数据流通平台从功能及能力上至少要实现两块内容，即数据合规和数据交易。图 4-17 为星环科技提出的数据流通平台逻辑架构。

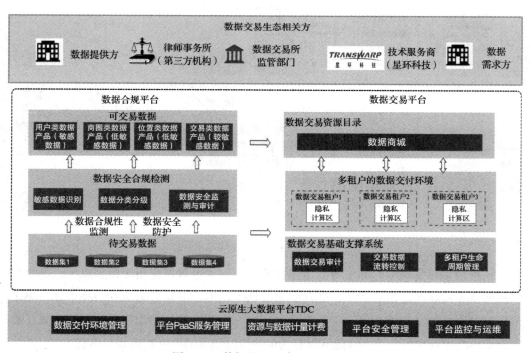

图 4-17　数据流通平台的逻辑架构

整体架构上，该数据流通平台基于统一的底层云原生大数据平台 TDC 实现，在其之上提供数据合规和数据交易两个子平台，分别实现待交易数据的合规检测及检测报告的出具，以实现确认数据合规之后的数据交易及提供合规的数据交付环境。

数据合规平台，用以实现对待流通交易数据的合规检查，确认数据的分类分级，能为数据流通的监管机构提供数据合规性评估的依据。合规平台可按需导入数据合规的检测规则，该规则可来源于律师事务所等对政策法规及个行业数据安全合规规范进行解读后，形成的业务属性的规则。合规平台能将律师事务所输出的业务属性的规则，转换成技术属性的安全合规检测规则，并导入平台中对待交易的数据进行数据安全合规检测。

数据交易平台，用以实现数据的端到端流通过程，能为数据提供方和数据需求方进行的数据交易、数据交付提供完整的环境。对数据提供方来说，要能实现将所有的待交易数据在数据交易平台的数据商场上挂牌，将其变成数据商城的待交易数据资产。对数据需求方来说，要能在数据交易平台上对数据进行检索、查找和交易申请。当数据需求方和数据提供方针对某一类交易数据达成数据交易合同之后，交易平台能自动化地在数据交易平台上快速构建待交易数据和交易环境，并能为数据需求方和数据提供方提供访问数据的网络途径和通道。

4.4.1　数据合规平台的技术架构

数据流通交易的重要前提是，待交易流通的数据是合法和合规的。所谓合法合规，即待交易数据能满足当前各类政策法规对数据的要求，如前文提到的数据安全监管法规、各地推进的数据交易规章及行业数据使用安全规范等。

数据合规平台的设计目标，就是基于各类数据安全合规规范及敏感数据识别规则等，为待交易数据提供合规检查。在合规检查完成后，输出合规检查报告，由相关审核机构、律师事务所及数据交易监管机构审核，给予数据合规性的确认。数据合规平台的典型逻辑架构，如图 4-18 所示。

数据安全合规检测，包括敏感数据识别、数据分类分级、数据安全监测与审计。敏感数据识别和数据分类分级子系统，用于对待交易数据中敏感信息的分布进行检测，并根据规则进行分类，必要时进行脱敏处理，并输出对待交易数据的安全合规评估报告，由数据合规审核机构实现待交易数据到可交易数据的确认。分类分级子系统技术架构如图 4-19 所示。

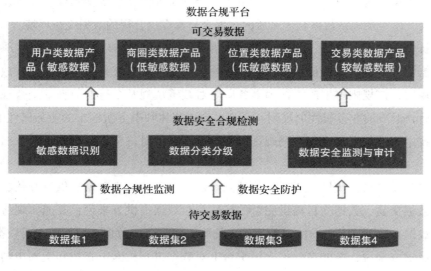

图 4-18　星环科技的数据合规平台逻辑架构

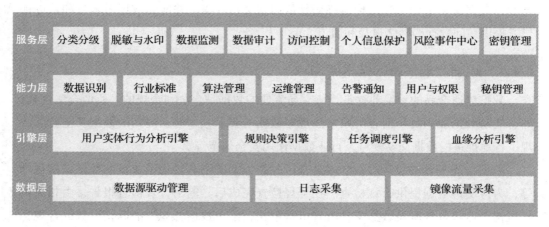

图 4-19　数据分类分级子系统技术架构

　　整体架构分为数据层、引擎层、能力层和服务层。数据层实现对待交易数据源驱动的管理、数据库日志的采集及镜像流量的采集。引擎层基于数据层获取的日志对数据做行为分析，并根据规则定义和血缘关系分析在任务调度器的统一调度下实现数据检测。在能力层，支持导入行业数据规则模板、支持引擎执行算法设置及密钥管理等能力。在服务层面上，实现对既定数据的分类分级、敏感数据的识别和自动脱敏，对监测过程出具结果报告，并能按需产生事件型告警。

图 4-20 所示为敏感数据识别与数据分类分级子系统对企业待交易数据进行自动化敏感数据识别和分类分级的流程设计。

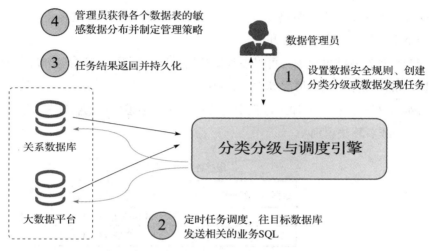

图 4-20　数据分类分级业务流程

分类分级与调度引擎架构支持基于正则、关键字内容、算法匹配、字典匹配等方式，配置敏感数据识别规则、创建分类分级或数据发现任务。通过任务调度器，对设置的分类分级任务进行自定义的调度，基于定时敏感数据识别扫描任务，可周期性、自动发现敏感数据并对其分类分级。本质上是往目标数据库发送相关的业务 SQL 任务。之后，数据发现任务会自动扫描全局敏感数据，能对字段名、字段内容、字段注释等进行匹配挖掘。任务完成后，分类分级引擎会返回任务结果，管理员可获得各个数据表的敏感数据分布并制定管理策略。

敏感数据识别与数据分类分级子系统的工作流程主要包括如下几个方面。

❑ 配置安全策略：通过配置敏感类型、隐私类型、安全分级，制定一套数据分类分级前置条件。

❑ 配置敏感规则：配置符合数据特征的正则表达式，关联数据所属的敏感类型、隐私类型、安全分级数据。

❑ 识别和发现敏感数据：基于敏感规则，配置定时或手动执行任务，在指定的数据源里面自动化地筛选敏感数据并初次分配类型和等级。

❑ 敏感数据审核：在运行过敏感数据发现任务后，程序可能会扫描出不完全符合
   要求的敏感数据，数据专家需要对数据字段进行最终的敏感性和定级确认，并
   可以直接修改后保存。

❑ 执行静态脱敏：支持策略脱敏和手动脱敏两种方式，可以选择将脱敏数据存储
   到指定的位置，用于业务开展。

❑ 安全合规检测结果呈现：可以在数据被扫描后，查看敏感数据字段的分布情况，
   以及敏感任务的执行情况等。

如图 4-21 所示，在数据加工过程中，往往会造成敏感数据的特征发生变化，导致
无法通过规则或者算法识别。

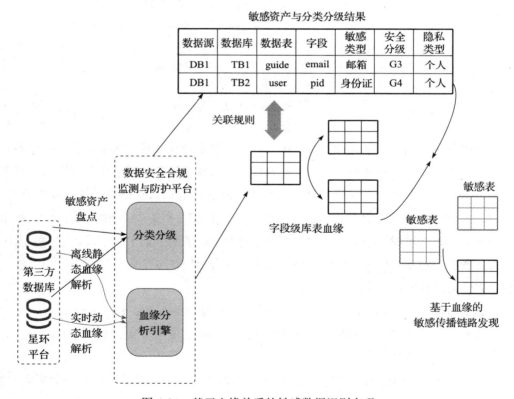

图 4-21　基于血缘关系的敏感数据识别实现

但是相关数据安全规定明确指出，对加工过程中的衍生敏感数据也需要识别并定

级。数据安全合规监测与防护平台能基于血缘关系识别敏感数据被下游数据加工使用的情况，并能给予安全策略预警。图 4-22 所示为数据安全合规平台与数据交易平台之间的数据流转设计图。

图 4-22　数据安全合规平台与数据交易平台间的数据流转

在数据提供方的数据经过数据安全合规平台的敏感数据识别、分类分级、个人信息去标识化之后，出具合规报告。该报告经数据合规人员进行人工审核，确定数据提供方的数据的合规结果。合规审核通过的数据，通过接入数据字典的方式，被发布到数据交易平台上。

4.4.2　数据交易平台的技术架构

数据交易平台在架构设计上包括两个核心，如图 4-23 所示，一个是需提供数据商城，为交易数据提供数据的检索、查询服务，数据需求方通过数据商城可申请使用数据提供方的数据。另一个是数据交易平台能提供多租户的数据交付环境，保证数据交易流通时数据的安全合规要求。

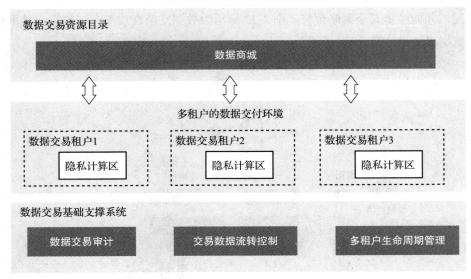

图 4-23　数据交易平台架构

数据商城用于支撑数据资源检索和申请审批，架构设计分为数据需求方模块及数据提供方模块。其中数据需求方模块主要针对数据的消费者，数据需求方模块可在该门户上检索和申请使用数据提供者提供的可交易数据。数据提供方模块为数据提供者提供可交易数据的导入、申请策略的设置和流转策略的设置等服务。

多租户的数据交付环境通过多种数据隐私保护技术，包括多方安全计算、可信计算、联邦学习等，针对不同分类分级数据的安全合规要求，提供对应的具备隐私保护能力的数据交易方式，包括可信计算、联邦学习等。

如图 4-24 所示，为星环科技面向数据要素市场开发的多租户的数据交易平台产品架构图。

平台架构上可同时针对多个数据需求方，通过数据商场对数据需求方提供的数据进行检索、申请及审批。通过多租户形式，同时为多个需求方按需创建隐私计算区，针对不同分级数据提供安全合规的交付环境。

如图 4-25 所示，隐私计算区整体架构上通过多租户的形式提供，为数据供需双方提供多个私密、隔离、安全的数据交付环境。通过网络访问、权限控制等实现数据供需双方在隐私计算区内进行安全的数据交易交付，能满足政策合规、数据安全的要求。

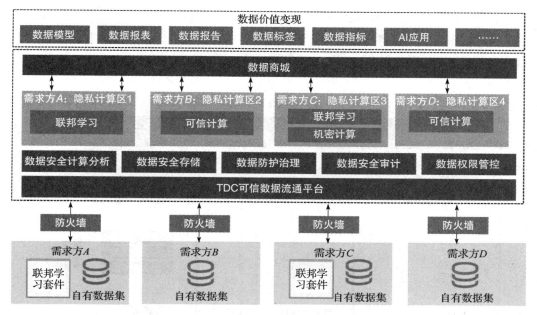

图 4-24　基于星环 TDC 的数据交易平台的实现

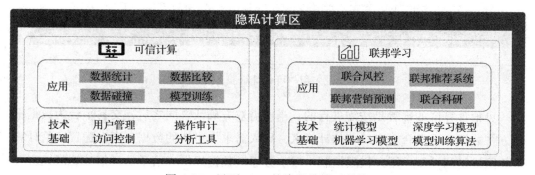

图 4-25　星环 TDC 的隐私计算区产品

　　隐私计算区提供可信计算和联邦学习两种产品服务，来面向不同分类级别数据的交付。

4.4.2.1　可信计算（或叫数据沙箱）

　　可信计算能为被分级为低敏感数据提供数据交付环境。数据需求方在可信计算的环境里，对提供方的数据进行分析和统计。基于网络 ACL 策略配置，可信计算环境内的数据不能导出，数据需求方只能得到数据计算的结果，实现数据供需双方都不泄露自己的数据，即数据使用权和所有权的分离。可信计算作为数据需求方对数据提供方的数据进行计算和分析的环境，要能提供数据探查和分析工具，数据需求方在可信计算区内对提供方的数据进行探查、分析和统计，获得数据统计模型和结果。多租户可信计算服务部署架构如图 4-26 所示。

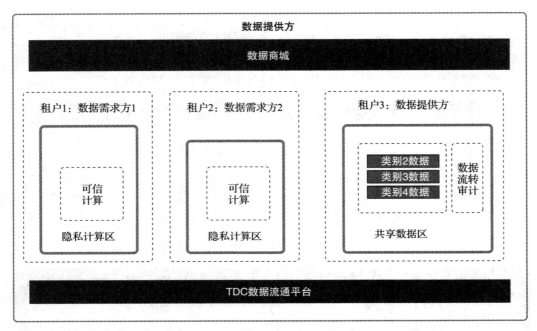

图 4-26　多租户可信计算服务部署架构

可信计算区的部署是按需进行的，当供需双方确认合同之后，交易平台为数据提供方在数据流通平台上启动可信计算区，导入需求方申请的数据，同时配置可信计算区的网络访问控制、用户权限控制。需求方通过数据提供方给予的可信计算区远程登录方式进入可信计算区，对数据进行探查、分析和统计。出于安全控制，仅提供可信计算区结算结果的导出方式，通过提供方安全审计后，导出给需求方。当供需双方确认该笔交易完成之后，可信计算环境销毁并关闭安全访问通道。本次可信计算服务经过数据需求方和提供方确认，结束本次数据交易流程。数据商城和数据交易系统同步，并保留本次交易过程日志。

可信计算主要应用于银联、政府各委办局等数据提供方对外开放可交易的相关数据的场景，其中相关数据如企业的用水、用电及纳税、社保等数据。各类数据需求方，如中小银行在数据交易系统浏览和检索所需的数据资源，并在可信计算环境下使用数据，为企业贷款审批提供参考。可信计算的数据交付方式，为数据需求方的业务分析师提供一种数据分析探索的途径。数据分析师在不改变建模习惯、不降低建模效率的前提下方便地进行建模工作。

4.4.2.2　联邦学习

联邦学习套件为被分级为较敏感的数据提供数据交付环境。数据交易双方得不到对方的数据，但可借助对方数据进行联合建模，得到更准确的模型。通过联邦学习的方式，能够保证供需双方的数据都在自己本地，相互之间不传输数据，只传输模型和参数。图 4-27 展示了多租户联邦学习服务部署架构图。

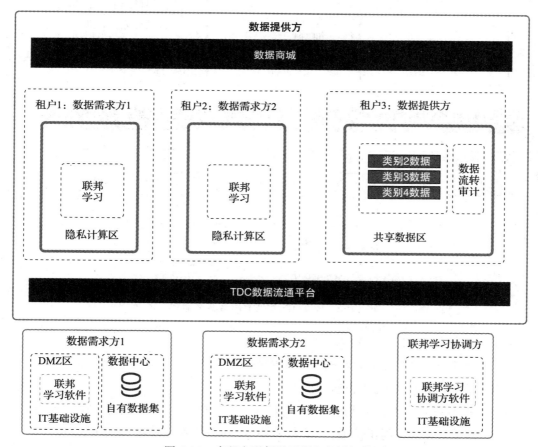

图 4-27　多租户联邦学习服务部署架构

联邦学习的数据交易交付环境，需要在数据流通平台和需求方分别部署一套联邦学习套件，通过联邦学习套件相互之间的自动协商，开展联邦建模任务。图 4-28 为联邦学习交付环境的数据交易及数据流转的流程。

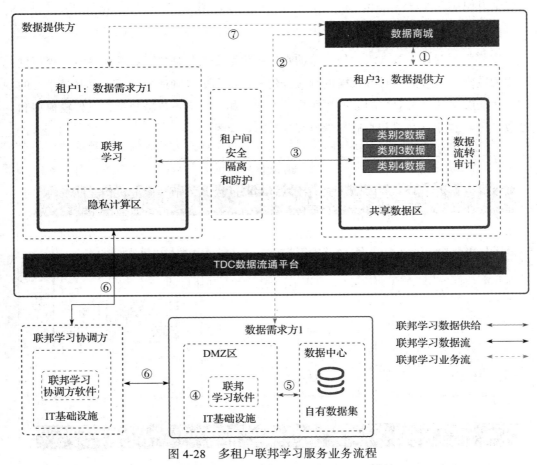

图 4-28　多租户联邦学习服务业务流程

上图流程主要包括七个关键步骤：

①数据提供方通过数据商城挂牌交易数据；

②数据需求方从数据商城购买数据；

③数据由数据方共享区推送至隐私计算区；交易合约双方确认后，数据方在流通平台启动隐私计算区，创建联邦学习套件，并将数据集推送到联邦学习的数据库中；

④需求方在本地部署联邦学习套件；

⑤需求方导入自有数据到联邦学习套件；

⑥部署联邦学习协调方、联邦学习任务，协商并启动；

⑦结束本次联邦学习业务并确认。

本次联邦学习任务完成之后，经过数据需求方和提供方确认，结束本次联邦学习任务。联邦学习的典型应用场景如：中小银行等数据需求方可申请数据提供方的数据，并在隐私计算区发起与自有数据集和联邦学习套件的联邦学习，以提高自身风控等模型的准确度。保险公司通过与多个数据提供方联邦学习，联合建模，提高自身保险预测等模型的准确度。

本章我们详细介绍了一个数据流通平台的整体规划、技术架构和数据流程，期望能够让读者有一个非常具象化的参考架构，能够快速地实现从 0 到 1 的过程。

展　望

随着国内数据经济的快速发展，数据安全和数据流通技术正处在快速完善中，数据要素市场也正日益成为一个新兴且重要的数字业务形态。本章中，我们将展望未来几年的数据要素市场、数字化基础设施、数据安全与内生安全这三个领域，与读者们一起探讨数据安全和数据流通领域可能的重要技术和业务的发展方向。

5.1　国内数据交易市场的展望

目前我国数据交易的机制还处于边探索边发展的阶段，全国及省级数据交易所（中心）的数量有数十家，根据国家工信安全中心测算数据，2020 年我国数据要素市场规模为 535 亿元，数据流通市场规模相对较小，数据的定价以及数据收益权的分配尚没有权威理论，是其影响因素之一。2021 年各项数据权属、价值、安全、流通、相关的规章制度、配套措施和业务模式加速完善，相信未来我国的数据要素市场必将逐渐完善和有序发展。各地政府都很支持数据交易平台的建设和市场行为的规范，在促进数据价值实现和市场公平竞争方面做了不少工作。从数据企业角度看，数据的经济价值和社会价值也普遍得到认可，尽管相关财产权的制度尚不完善，数据企业也可以在把数据流通产业做大的同时，探索出符合实践环境的合理模式和机制，但企业不能仅仅再等，要更主动地去探索。

从全国数据应用市场来看，各行各业都开始尝试拥抱大数据技术，对数据的跨领域获取和数据服务的需求愈加迫切。例如，金融机构通过获取互联网用户的微博数据、社交数据、历史交易数据来评估用户的信用等级；证券分析机构试图通过整合新闻、股票论坛、公司公告、交易数据等分析和挖掘各种事件和因素对股市和股票价格走向的影响；零售企业通过互联网用户数据分析商品销售趋势、用户偏好。随着智能化程度的加深，自动驾驶、智能终端、智慧医疗、智慧城市等各行业都对数据有了更多、更细的需求，数据交易中心将作为数据传输和对接的载体，最大化满足市场的海量需求。

从数据交易主流需求来看，金融风控是数据需求量最大、需求最明确的领域之一，我国几乎全部的大数据交易平台均涉足金融风控领域，银行、证券、保险等金融机构都在积极打通自有数据与外部数据的连接，优化风险控制体系。据中国信息通信研究院研究表明，67% 的金融机构建立了统一的大数据分析平台，并开展数据应用、数据服务相关的培训宣贯。大数据交易中心将通过整合政务、医院、通信等领域数据，吸纳业内成熟的金融风险预警预测模型，在保障个人隐私安全的条件下向银行、保险机构提供风险评估服务。此外，精准营销也是现阶段促进数据交易的主要需求领域，互联网、O2O 以及大量传统服务企业，都在积极利用大数据融合线上线下营销场景，例如，海尔集团通过贵阳大数据交易所购买外贸通关物流数据，洞察国际商贸趋势，进行精准营销布局。

数据在收集、存储、使用、加工、传输、提供和公开等全生命周期内，最核心的安全要求是合规，包括数据的使用需要符合行业法律法规的要求、个人数据的使用必须去标识化且不能复原等。数据合规做得越好，企业和用户对数据泄露的承受能力就越强，对数据流通产业的发展壮大也越有利。

数据的合规使用不能仅限于技术本身，而应该在整个数据治理和流通体系设计中加以考虑。例如，建议设立数据合规使用的相关标准，对相关数据的重要性和隐私级别进行分级管理，建立数据安全的检测与防护体系，对处理重要数据和隐私数据的企业进行评级等，确保数据本身的安全有很好的保障，数据本身无法识别特定事物，企业在技术上能够保证泄露的低概率，即使泄露了也无人能使用。尽管，基于隐私保护的数据交易体系会增加一定的成本，但从长远来看，是值得的。技术管理者在具体实践中，可以参考第 2 章的相关内容，期望能够快速地实现数据安全体系建设从 0 到 1 的过程。

隐私计算是在处理、分析计算数据的过程中保持数据不透明、不泄露、无法被计算方以及其他非授权方获取的一种技术解决方案，能够在充分保护数据和隐私安全的前提下，实现数据价值的转化和释放，应用前景和商业价值巨大。在国家加速数据要素市场建设以及重视数据安全和隐私保护的大背景下，数据安全防护技术、隐私计算技术的应用普及和商业化在加速进行。隐私计算技术本身仍然处于一个快速发展的阶段，各种创新应用场景也处在快速的探索和落地过程中，在未来的 5～10 年将迎来商业价值落地的爆发期。

5.2　支撑数据要素市场的基础设施

在数据要素时代，企业或组织的数字化基础设施能够为生产要素提供灵活多样的生产工具，极大地提高将数据转化为价值的效率，因此有良好的数字化基础设施作为支撑对企业或组织非常重要。在落地形式上，为了能够帮助企业快速支撑业务的需求，更好地满足数字应用的开发和运营，数字化的基础设施应该以 PaaS 平台来对内对外提供服务能力，而不再是面向运维和管理的 IaaS 方式。然后数字化的转型方兴未艾，各种思路和方法都在广泛兴起，企业已经基本上完成了思路的转变，但是在如何去落地数字化基础设施建设、如何去衡量技术方案的优劣、如何能够更加及时地匹配业务的需求方面，目前还处于一个比较混沌的状态。在对国内数百家企业用户的数字化进程进行深度观察和实际参与之后，我们总结出了一套行之有效的数字化基础设施的方法，并基于多个大型企业客户进行落地，帮助企业客户创建了大量的数字化价值。这就是数据云 - 建设企业数字化基础设施的新方法。

数据云是采用云原生技术打造的 PaaS 云，它以数据为中心，提供完整的数据、应用和智能的开发工具，实现数据和应用互通互联的云技术，可以更好地加速数字化建设。

为了能够适应企业未来灵活、快速变化的业务需求，数字化基础设施平台需要遵从如下几个主要考量指标。

❑ 以数据为中心，业务导向。在总体的设计思路上，我们应该从传统的以资源为中心、以运维便利性作为首要考量指标，转变为以数据为中心、以业务作为导向、将可以加速业务创新速度的技术作为更优先的考量指标。数据、应用和智能是数字化的三大核心原料,我们需要在一个 PaaS 平台上提供包括数据分析、应用开发和智能建模等在内的完整的工具链,并开放给尽可能多的使用者来尝试创新。

❑ 云原生。传统的虚拟化技术因为有很大的技术开销,启动和关闭速度慢,扩缩容能力弱,因此并不适合支撑微服务、分布式系统在内的新一代工作负载。容器技术有效解决了相关的问题,可以在提高数据中心的资源使用率的同时,给微服务提供更好的弹性和扩展能力。而通过技术创新,容器技术同样可以支持包括分布式数据库在内的复杂业务系统,同时还可以提供多租户、自动扩展、自动化冗余等能力,这对业务开发者来说进一步降低了运维的难度。因此,容器化技术是未来。

❑ 融合互通。约瑟夫·熊彼特曾经指出,创新是生产要素的重组。重组可能主要做加法,做融合或者通用化;也可能是做减法,做分离和专用化。融合的优点是具有通用性和低成本,但是会有一些冗余;分离的优点是具有高性能和适用于特定场景的能力,但是应用场景少、成本高。融合追求大众普适,分离面向专业群体。

数字化基础设施面向的用户是企业或组织内广泛的应用开发者、数据建模人员以及业务人员,所有处在业务一线的人员都是数据生态的重要组成。因此在设计数字化基础设施的时候,我们需要充分考虑通用性和低成本,这样才能更好地服务于目标对象。

从技术的角度来分析,应用有可能会运行在公有云、私有云、边缘端等任何可能有计算能力的地方,而数据也会随着业务而沉淀,因此我们在设计的时候需要考虑应用的跨云能力、数据的互通互联、云端和边缘端协同等,从而拒绝技术烟囱,减少各种可能的孤岛问题。

❑ 层次化设计。在架构设计上,需要从传统的以"应用驱动开发"方式形成的烟囱式技术栈,转变为追求服务共享、复用的层次化设计。

❑ 原生数据安全与合规的设计。在基础平台的设计过程中,我们需要将数据安全作为基础要素放到平台设计中,避免后知后觉、灾难驱动的安全体系建设,从而让开放和共享成为比较可行的方式和思路。

图 5-1 是企业数字化基础设施采用数据云的设计思路做的一个概要的设计参考架构,它不仅包含了技术底层,还包含数据业务中心层和业务服务层。

图 5-1　数字化基础设施参考架构

　　架构最上层是直接服务于客户端业务的对外服务层，提供 App、Web 等之间的访问和交互能力；中间层是企业的数据业务中心，也是最核心的部分，它包含企业沉淀的各种有效的业务服务和数据服务，业务按照 DDD 的原则进行服务划分，对数据都进行了有效的建模形成数据资产，这可能包含数据仓库、数据湖或者数据中台的建设；最底层是云平台，提供包括大数据、AI、Kubernetes、容器、数据库、计算、网络、安全等在内的技术能力。

　　传统的企业业务模式是一个单向、封闭的过程，它基本上是由企业内部的资源如业务部门、产品经理等，根据内部已有的经验或者知识来规划、设计和建设的。一旦建设完成，业务的迭代一般会比较少，主要还是通过设计人员的知识更新，抑或是由外部竞争形态的变化来驱动，直接用户很少参与其中，因此这个模式不太适合数字化时代的经营要求。

　　数字化的企业业务在信息形态上是一个双向的流程，业务部门给用户提供产品和内容，用户会反馈行为轨迹、喜好、建议等数据，而应用能够以在线或者离线的方式，根据用户反馈进行内容迭代或者产品更新。数字应用的一个核心是数据在每个环节都可以产生价值，设计的思想是用户至上，出发点是让数据来驱动业务形态，而不再是通过产品设计人员的经验和知识来驱动业务形态。此外因为用户的需求反馈不同，所以数字应用的迭代速度要远快于传统应用，一般是每月甚至是每周就需要优化和迭代。在技术实现上，因为面对着长尾的用户，所以产品的设计需要互联网化，使得能够面对高并发的用户访问，自动化地进行产品维护，并智能化地根据用户来做内容更迭。

5.3　生态建设是数据要素市场成功的关键

数据流通交易生态的建设对数据流通的良性发展有着至关重要的作用，完善的生态建设可帮助交易中心实现持续的商业化运转，形成稳定的数据需求方、提供方及数据交易相关的监管和服务机构。

首先，良好的生态建设的基础，需要完善的数据流通相关的法律法规和行业规范标准，这也是生态建设最重要的一环。当前，国家层面从顶层制度设计角度已出台相关的数据流通交易促进法案。另外，数据安全监管法规和行业数据使用安全规范及各地的促进数据交易规章也已逐渐出台。目前看，在数据合法合规领域，仍需逐步完善法律法规制度，以明确数据交易的合法与合规性。顶层制度上仍需健全数据安全法规标准支撑体系，需进一步研究制定数据资源收集、共享开放、数据开发、数据流通的相关标准和安全准则，加快推进制度和配套政策的出台，加强对大数据安全技术、设备和服务提供商的风险评估和安全管理。

生态建设的决定性因素之一是数据资源。数据提供方是数据要素市场中最重要的角色，促进数据提供方积极和放心地进行数据要素供给，是决定数据要素流通顺利进行的重要前提。在具有完善的促进和规范数据要素流通的法规和制度之后，具有丰富数据资源的政府、机构、企业和协会等组织才能安心地在数据通过治理和合规检查之后对数据进行挂牌交易。另外，需要完善的数据确权、定价和变现体系，才能鼓励和支持数据资源方积极地开放自有数据，对其交易。

当前，政府作为具有丰富和重要数据资源的一种提供方，应起到数据提供方排头兵的示范作用。所谓政府数据指的就是政府部门在开展各项工作与履行职责过程中，所获得的与人们生活存在密切关系的各种大量数据，属于国家最主要的数据持有者。而政府数据开放指的是在不违背相关政策法规且不损害公共利益的基础上，免费向公众开放，使社会上任何人均能够获取及应用的相关数据。政府数据的开放注重使原始数据能够彻底开放，所有人均能够开发利用这些数据，并且能够通过各种形式使人们的实际需求得到满足，通过原始数据的开放，可使社会创造力得以有效提升，具有重要意义。

深圳市政府数据开放平台于 2016 年 11 月正式上线运行，是深圳市政府在互联网上发布和提供政府数据服务的综合平台。开放平台由深圳市政务服务数据管理局主办，深圳市大数据资源管理中心建设运维，市、区各相关部门负责数据资源的提供、更新和维护。开放平台以数据接口和数据下载的方式，向社会提供在法律法规允许范围内可开放的、可机器读取的政府数据，为个人、企事业单位和科研机构等开展政府数据资源的社会化开发利用提供数据支撑，推动整个社会对政府数据进行社会化增值。同时，开放平台面向社会提供数据开放申请服务，建立数据需求端和供给侧的"桥梁"。在遵守法律法规的前提下，个人、企事业单位和科研机构等均可使用开放平台提供的数据。

另外，良好的数据流通交易生态建设，应该鼓励不同地方积极建设数据交易中心，以市场化运作的方式激发交易中心之间的竞争，从而促进各交易中心自发地去完善交易的制度、交易的平台以及进行数据供需双方之间的撮合。政府委办局等机构具有相当数量的政务数据，在满足合规安全之后应该积极在各地的数据交易中心挂牌交易，以带动其他机构和企业进行数据交易。

典型的贵阳大数据交易所在贵州省政府、贵阳市政府支持下于 2014 年 12 月 31 日成立，是全球第一家大数据交易所，目前已成为国家大数据（贵州）综合试验区首批重点企业、国家技术标准创新基地（贵州大数据）参建单位，参与国家大数据政策、标准等的制定等工作。贵阳大数据交易所 2019 年 3 月升级发展战略，明确提出在"一带一路"沿线国家设立大数据交易所，推动数据交易"贵阳模式"走出海外，构建全球数据流通生态。

提供数据流通交易技术、产品和服务的技术性公司和服务机构，是建设数据流通平台的重要技术支撑。通过技术突破、产品创新、服务模式革新等方式，为数据流通平台的生态建设提供所需技术和产品支撑。通过技术的手段解决数据流通交易中的数据安全保护、个人隐私隐私保护以及数据所有权和数据使用权的隔离控制，这也是解决数据提供方愿意并积极进行数据交易的基础。

举例来说，实现政府数据的开放，需要以统一共享交换平台为基础，需要产品和服务的技术性公司为政府部门构建开放一站式相关数据治理平台，构建标准规范体系，依据统一标准进行统一数据治理，对各级各部门数据进行全面整合，使不同格式数据能够实现有效整合，使政府数据库集散地能够得以形成，使政府部门数据整合、关联及分析能力得以提升。

数据流通交易生态要能持续健康发展并不断壮大，需要凝集数据提供方、数据需求方、数据交易中介、数据交易技术服务商、第三方审计和认证机构及数据交易中心的力量，使各方能从数据要素流通和交易过程获取各自的价值和利益。数据提供方能安全合规地实现数据变现及数据要素社会价值的发挥；数据需求方能以市场化的定价安全合规地购买和使用交易中心挂牌交易的数据，并能提升生产效率或增加企业效益；数据交易技术服务商能从提供数据交易的产品和技术服务中带来营收和利润；第三方审计和认证机构也能通过提供咨询、认证等服务带来收益；数据交易中心作为政府机构或市场化运作机构，能获得一定社会效益和经济利益。在这种"多赢"的局面下，数据流通交易平台的生态建设才能成功，生态体系之间才能越来越平衡和成熟，数据要素市场化的"雪球"才能越滚越大。

5.4　内生安全是数据流通的安全发展方向

数字化时代，网络安全成为夯实信息系统与数字化基础设施、智能化服务能力的基础支撑，传统附加式安全手段无论防御架构或是防御效能都难以适应数字应用、新一代基础设施的复杂网络安全需求。

在数字化基础设施中，由于软硬件部件设计缺陷导致的安全漏洞不可避免，信息产品生态圈中存在的软硬件后门无法杜绝，现阶段人类科技能力尚不能彻查漏洞后门问题，功能安全与网络安全成为相互交织、难以分离的问题，信息产品的安全性和质量尚无有效的控制办法等多个因素，因此内生安全性问题普遍存在。

在大数据环境里，用户多样化、设备多样化、业务多样化以及平台多样化的特点，使得数据在用户、设备、业务以及平台之间广泛流动，过去内网与外网之间的网络边界正在瓦解，单独依赖传统防御手段将难以适应"无处不在""随时随地"的计算环境威胁。此外，数据在多个系统和网络间流转，即使对单独的数据系统做了保护，也无法保证数据在不同系统间流动、收集、分享、使用等过程中的安全。数据安全成为网络安全的重点和难点。

内生安全作为新兴的网络安全技术，构建了具备主动防御、态势感知、威胁清洗等能力的新型网络安全防御框架，典型内生安全技术包括拟态防御、移动目标防御、可信计算、零信任架构等，通过构建新型信息系统运行环境、关键系统资源访问认证等技术手段，内生安全技术在已知和未知网络威胁的防护上取得了良好的防御效果。

拟态防御，是通过动态异构冗余框架来实现信息系统设计的安全性，具体来说就是通过动态异构冗余，用设计和实现的线性复杂度来指数级提升给后门、漏洞等攻击带来的难度。数据安全指的是防止数据遭受未经授权的访问以及避免数据在整个生命周期中被损坏。在数据安全的全过程中可以应用拟态防御的概念，即设计相应的执行体和裁决器，异构执行体即应用数据安全过程中的各类等功能异构组件，如算法等，裁决器负责对异构组件的执行结果进行裁决，最终构建内生数据安全框架。

近年来，"内生安全"概念的外延和内涵也在持续扩展。从最初的"依靠网络自身构造因素产生的安全功效"，到"通过增强计算机系统、网络设备内部的安全防范能力"，再到"聚焦于攻防过程，不断从信息化系统内生长出安全能力，伴随业务的增长而持续提升，持续保证业务安全"。

参 考 文 献

［ 1 ］ 方元欣，郭骁然. 数据要素价值评估方法研究［J］. 信息通信技术与政策，2020，318（12）：50-55.

［ 2 ］ 中国南方电网. 中国南方电网有限责任公司数据资产定价方法（试行）［Z］. 广州：中国南方电网有限责任公司，2021.

［ 3 ］ 中国信息通信研究院. 数据价值化与数据要素市场发展报告（2021年）［R］. 北京. 中国信息通信研究院政策与经济研究所，2021.

［ 4 ］ 冉从敬，陈贵容，王欢. 美国跨境数据流动的管辖模式研究及对中国的启示［J］. 图书情报知识，2020，198（6）：138-145.

［ 5 ］ SEDGEWICK M B. Transborder data privacy as trade［J］. California Law Review，2017，105（5）：1513-1542.

［ 6 ］ 王晓寅，侯素颖，徐帅，等. 基于政企数据共享的电力创新服务模式探索［J］. 电力需求侧管理，2018，20（111）：64-65.

［ 7 ］ 程益斌，梁宁利. 政务部门与公用企业之间数据共享的研究［J］. 电子技术与软件工程，2019，155（9）：254-255.

［ 8 ］ 殷利梅，赵令锐. 政企数据共享的现状及对策建议［J］. 中国信息化，2020，315（7）：113-114.

［ 9 ］ 黄如花，陈闯. 美国政府数据开放共享的合作模式［J］. 图书情报工作，2016（19）：6-14.

［10］ 中国信息通信研究院. 数据价值化与数据要素市场发展报告［R］. 北京：中国信息通信研究院，2021.

［11］ 李明. "大数据时代"美国的隐私权保护制度［J］. 互联网金融与法律，2014（9）：1-2.

［12］ 木怀琴. 美国政府的大数据之策［J］. 文化纵横，2014（3）：12-12.

［13］ 吕欣，李洪侠，李鹏. 大数据与国家治理［M］. 北京：电子工业出版社，2017.

［14］ 李杨. 日本保护数据的不正当竞争法模式及其检视［J］. 政法论丛，2021（4）：1-2.

［15］ 伯利. 金砖国家应提升数据保护的法律互操作性［J］. 网络传播，2021：1-2.

［16］ 魏鲁彬. 数据资源的产权分析［D］. 济南：山东大学，2018.

［17］ 唐要家. 数据产权的经济分析［J］. 社会科学季刊，2021（1）：1-2.

［18］ 龙卫球. 数据新型财产权构建及其体系研究［J］. 政法论坛，2017（4）：1-2.

［19］ 陈立勇，殷秀叶，朱海. 云环境下的动态分段定价策略［J］. 武汉工程大学学报，2013（8）：78-80.

［20］ 周慧敏，刘晗. 拉姆齐定价在快递行业定价中的应用［J］. 现代经济信息，2017（16）：328-330.

［21］ 赵子瑞. 我国大数据交易模式研究［D］. 上海：上海社会科学院，2018.

［22］ 李新宜. 大数据背景下的差别定价分析［J］. 经营与管理，2021（9）：48-53.

［23］ SHI W，WU C，LI Z. A Shapley-value Mechanism for Bandwidth On Demand between Datacenters［J］. IEEE Transactions on Cloud Computing，2018，6（1）：19-32.

［24］ GHORBANI A，ZOU J. Data shapley：equitable valuation of data for machine learning［J］. 2019：3-4.

［25］ 国内外数据安全管理法规实践初探［R/OL］.（2021-06-26）［2022-02-23］. https://www.doc88.com/p-21273027499903.html?s=rel & id=1.

［26］ 李尤慧子，殷昱煜，高洪皓，等. 面向隐私保护的非聚合式数据共享综述［J］. 通信学报，2021，42（6）：195-212.

［27］ 普华永道. 开放数据资产估值白皮书［R］. 上海：普华永道，2021.

［28］ 中国光大银行. 商业银行数据资产估值白皮书［R］. 北京：中国光大银行，2021.

［29］ 中国银行业监督管理委员会. 银行业金融机构数据治理指引［R］. 北京：中国银行业监督管理委员会，2018.

［30］ 中国信息通信研究院. 数据安全治理实践指南（1.0）. 北京：中国信息通信研究院，2021.

［31］ 中国互联网协会. 数据安全治理能力评估方法. 北京：中国信息通信研究院，2021.

［32］ 深圳市第七届人民代表大会常务委员会. 深圳经济特区数据条例，2021-06-29.

［33］ 上海市第十五届人民代表大会常务委员会. 上海市数据条例. 2021-11-25.

［34］ 第八届全国人民代表大会常务委员会. 中华人民共和国消费者权益保护法. 1993-10-31.

［35］ 欧洲联盟. 通用数据保护条例. 2018-05-25.

［36］ 欧洲委员会. 数据保护指令. 1995.

［37］ HING E，JENSEN GA.HIPAA 法案. 1996.doi:10.1080/01445170.1982.10412411.

［38］ 美国加州. 加州消费者隐私法案. 2022-12-23.

［39］ 国家市场监督管理总局. 关于平台经济领域的反垄断指南（征求意见稿）. 2020-11-10.

［40］ 第十三届全国人民代表大会常务委员会. 中华人民共和国个人信息保护法. 2021-08-20.

［41］ 工业和信息化部. 携号转网服务管理规定. 2019-11-11.

［42］ 第十三届全国人民代表大会. 中华人民共和国民法典. 2020-05-28.

［43］ 第十二届全国人民代表大会常务委员会. 中华人民共和国网络安全法. 2016-11-07.

［44］ 第十届全国人民代表大会常务委员会. 中华人民共和国电子签名法. 2004-08-28.

［45］ 欧盟委员会. 数字服务法案. 2020-12-15.

［46］ 欧盟委员会. 数字市场法案. 2020-12-15.

［47］ 中国信息通信研究院. 数据价值化与数据要素市场发展报告［R］. 北京：中国信息通信研究院，2021.

［48］ 中国资产评估协会. 资产评估专家指引第 9 号——数据资产评估［R］. 北京：中国资产评估协会，2019.

［49］ 第十三届全国人民代表大会常务委员会. 中华人民共和国数据安全法. 2021-06-10.

［50］ 第十三届全国人民代表大会常务委员会. 中华人民共和国电子商务法. 2018-08-31.

［51］ 中华人民共和国国家互联网信息办公室. 网络数据安全管理条例（征求意见稿）. 2021-11-14.

［52］ 中华人民共和国国家互联网信息办公室. 数据安全管理办法（征求意见稿）. 2019-05-28.

［53］ 中华人民共和国国家互联网信息办公室. 人信息出境安全评估办法（征求意见稿）. 2019-06-13.

［54］ 中国人民银行. 金融数据安全 数据安全评估规范：JR/T 0223-2021［S］.

［55］ 卫健委. 国家健康医疗大数据标准、安全和服务管理办法（试行）［R］. 北京：中华人民共和国国家卫生健康委员会，2018-07-12.

［56］ 贵州省质量技术监督局. 政府数据 数据分类分级指南：DB52/T 1123—2016［S］.

［57］ 中国证券监督管理委员会. 证券期货业数据分类分级指引：JR/T 0158—2018［S］.

［58］ 中国人民银行. 金融数据安全 数据安全分级指南：JR/T 0197-2020［S］.

［59］ 国家互联网信息办公室，国家发展和改革委员会，工业和信息化部，等. 汽车数据安全管理若干规定（试行）. 2021-08-20.

［60］ 工业和信息化部科技司. 车联网网络安全和数据安全标准体系建设指南. 2022-02.

［61］ 美国国会. 澄清域外合法使用数据法案. 2018-03.

［62］ CFIUS. Foreign Investment Risk Review Modernization Act. 2018.

［63］ 国家互联网信息办公室，等. 网络安全审查办法. 2022-02.

［64］ Gartner. 2022 Strategic Roadmap for Data Security Platform Convergence. 2022.

［65］ 全国信息安全标准化技术委员会. 信息安全技术 个人信息去标识化指南：GB/T 37964—2019［S］. 北京：中国标准出版社，2019.

［66］ 全国信息安全标准化技术委员会. 信息安全技术网络安全等级保护基本要求：GB/T

22239—2019〔S〕. 北京：中国标准出版社，2019.

〔67〕 深圳市第七届人民代表大会常务委员会. 深圳经济特区数字经济产业促进条例. 2022-08-30.

〔68〕 北京市西城区人民政府办公室. 北京市西城区建设全球数字经济标杆城市示范区实施方案. 2022-01-28.

〔69〕 中共北京市委办公厅. 北京市关于加快建设全球数字经济标杆城市的实施方案. 2021-07-30.

〔70〕 国务院办公厅. 要素市场化配置综合改革试点总体方案. 2022-01-06.

〔71〕 国务院. 国务院关于在线政务服务的若干规定. 2019-04-30.

〔72〕 重庆市人民政府. 重庆市政务数据资源管理暂行办法. 2019-07-30.

〔73〕 重庆市人民政府. 重庆市公共数据开放管理暂行办法. 2020-09-11.

〔74〕 中共中央国务院. 海南自由贸易港建设总体方案. 2020-06.

〔75〕 全国信息安全标准化技术委员会. 信息安全技术个人信息安全规范：GB/T 35273—2020〔S〕. 北京：中国标准出版社，2020.

〔76〕 国务院. 中国（上海）自由贸易试验区临港新片区总体方案. 2019-08-06.

〔77〕 国家互联网信息办公室. 个人信息出境安全评估办法. 2019-06-13.

〔78〕 全国信息安全标准化技术委员会. 信息安全技术数据出境安全评估指南（征求意见稿）. 2017.

〔79〕 国家互联网信息办公室. 个人信息和重要数据出境安全评估办法（征求意见稿）. 2021-10-29.

〔80〕 国务院. 促进大数据发展行动纲要. 2015-08-31.

〔81〕 中央全面深化改革委员会. 关于构建更加完善的要素市场化配置体制机制的意见. 2020-04-09.

〔82〕 中国信息通信研究院. 零信任技术〔R〕. 北京：中国信息通信研究院，2020.

〔83〕 邬江兴. 网络空间内生安全——拟态防御与广义鲁棒控制〔M〕. 北京：科学出版社，2022.

〔84〕 顾天安，刘理晖，程序，等. 我国构建数据要素市场的挑战与建议〔J〕. 发展研究，2022（1）：1003-0670.

〔85〕 张莉，卞靖. 数据要素定价问题探析〔J〕. 中国物价，2022：3-4.

〔86〕 中国信息通信研究院. 数据资产化：数据资产确认与会计计量研究报告（2020 年）〔R〕. 北京：中国信息通信研究院，2020.

〔87〕 德勤 & 阿里研究院. 数据资产化之路——数据资产的估值与行业实践〔R〕. 杭州：德勤 & 阿里研究院，2019.

〔88〕 Deloitte. Assessing the value of TfL's open data and digital partnerships〔R/OL〕.（2020-12-09）〔2022-03-12〕. https://content.tfl.gov.uk/deloitte-report-tfl-open-data.pdf.

〔89〕 Bennett Institute for Public Policy.The Value of Data-Policy Implications〔Z〕.

〔90〕 MOODY D，WALSH P.Measuring the value of information：an asset valuation approach〔C〕.

［91］ BERGEMANN，BONATI D A.Selling cookies ［J］．American Economic Journal：Microeconomics，7（3）：259-294.

［92］ BERGEMANN，D.，et al.The design and price of information ［J］．American Economic Review，108（1）：1-48.

［93］ KERBER，W..A new，intelectual，property right for non-personal data?An economic analysis ［J］．Gewerblicher Rechtschutz und Urheberecht，Internationaler Teil，2016，11：989-998.

［94］ AZEVEDO，E M，et al.A/B testing with fat tails ［J］．Journal of Political Economy，128（12）：4614-5000.

［95］ 北京金融科技产业联盟.联邦学习技术金融应用白皮书 ［R］．北京：北京金融科技产业联盟，2022-03.

［96］ 王健宗，李泽远，何安珣，等.联邦学习：原理与算法 ［M］．北京：人民邮电出版社，2022.

［97］ 向小佳，等.联邦学习原理与应用 ［M］．北京：电子工业出版社，2022.

［98］ YU，HAN，et al. A Fairness-aware Incentive Scheme for Federated Learning ［J］．AIES '20：Proceedings of the AAAI/ACM Conference on AI，Ethics，and Society，（2022-02）.

［99］ JIANG J C，KANTARCI B，OKTUG S，et al.Federated learning in smart city sensing：challenges and opportunities ［J］．Sensors，2020，20（21）：6230.

［100］ COOK R D. Detection of Influential Observation in Linear Regression ［J］．Technometircs，1977，1（19）.

［101］ 邹传伟.数据要素市场的组织形式和估值框架 ［J］．大数据，2021，7（4）：28-36.

［102］ YAO，ANDREW.Protocols for secure computations. 23rd Annual Symposium on Foundations of Computer Science （sfcs 1982），1982（1）：160-164.

［103］ SHAMIR，A. How to share a secret ［J］．Communications of the ACM，1979，22（11）：612-613.

［104］ WHITE，L J.Introduction to combinatorial mathematics ［J］．SIAM Review，1969，11（4）：634.

［105］ DWORK C.Differential privacy ［J］．ICALP，2006（2）：1-12.

［106］ DWORK C，MCSHERRY F，NISSIM K，et al.Calibrating noise to sensitivity in private data analysis ［J］．In Theory of Cryptography Conference'06，2006：265-284.

［107］ 中国信息通信研究院.隐私计算白皮书 ［R］．北京：中国信息通信研究院，2021.

［108］ 中国信息通信研究院.联邦学习场景应用研究报告 ［R］．北京：中国信息通信研究院，2022.

［109］ 微众银行人工智能部，电子商务与电子支付国家工程实验室，等. 联邦学习白皮书 2.0 ［R］. 2020.

［110］ YANG Q，FAN L，YU H，et al.Federated learning：privacy and Incentive ［J］. Springer Nature，2020（12500）.

［111］ 王健宗，李泽远，何安珣. 深入浅出联邦学习：原理与实践 ［M］. 北京：机械工业出版 社，2021.

［112］ 星环科技人工智能平台团队. 机器学习实战·基于 Sophon 平台的机器学习理论与实践 ［M］. 北京：机械工业出版社，2019.

［113］ OMTP.Advanced Trusted Environment：OMTP TR1 ［S］. 2009.

［114］ IEEE P2830/D1.IEEE Standard for Technical Framework and Requirements of Trusted Execution Environment based Shared Machine Learning ［S］. 2022.

［115］ 中国人民银行. 金融数据安全 数据生命周期安全规范：JR/T 0223—2021 ［S］.

［116］ LI X，et al.A first look at information entropy-based data pricing ［J］. IEEE 37th International Confer ence on Distributed Computing Systems，2017：2053-2060.

［117］ SHEN Y，et al.Pricing personal data based on information entropy ［J］. Procedings of the 2nd International Conference on Software Enginering and Information Management，2019：143-146.

［118］ SHAPLEY，LLOYD S.A value for n-person games ［J］. Contributions to the Theory of Games 2.28，1953：307-317.

［119］ LUNDBERG，SCOTT M，LEE S I.A unified approach to interpreting model predictions ［J］. Advances in Neural Information Processing Systems，2017：1-12.

［120］ MITCHELL R，COOPER J，FRANK E，et al.Sampling permutations for Shapley value estimation ［J］. 2022：3-16.

［121］ WANG G，DANG C X，ZHOU Z.Measure contribution of participants in federated learning ［J］. In 2019 IEEE International Conference on Big Data（Big Data），2019：2597-2604.

［122］ 大数据技术标准推进委员会，中国信息通信研究院. 数据资产管理实践白皮书（5.0 版）［R］. 北京：大数据技术标准推进委员会，中国信息通信研究院，2021-12.